超有趣的天气图鉴

哎呀，天空竟然这样神奇 1

〔日〕荒木健太郎◎著

栾殿武◎译

前言

“好想体验腾云驾雾的感觉！”“彩虹下面究竟是什么样呢？”——每当我们仰望天空，总会产生无限遐想。天空是我们每天都能看到的自然景观，天气预报在每天的新闻节目里必不可少。不过，我们对于天空的了解还远远不够。

本书介绍的是关于天空、云彩和天气等，平时各位读者十分好奇的自然现象。其中就各位比较关注的问题，进行了深入浅出的解读。除此之外，书中还介绍了一些气象常识和百科知识。当各位阅读完这本书之后，想必一定会惊讶不已吧。作者荒木健太郎还在自己的SNS频道中对本书的内容以及目录中的各个项目做了视频讲解。

最后，希望这本书能帮助各位喜欢上天空和云彩，更好地了解气象知识，擅长与天气打交道。

当你仰望天空，观察蓝天和白云以及彩虹时，**如果用肉眼直视太阳，有可能会灼伤眼睛，非常危险**。即使戴太阳镜，如果不是专业产品，也无法阻隔刺眼的阳光。所以，还需利用建筑物的阴影观察天空，不要直视太阳，务必注意安全。

卡通人物介绍

本书将出现以下与气象有关的
可爱形象

团团

它是气团（air parcel），受热后会喝很多水蒸气，喝饱之后便制造大量云朵，有时还会凭借身强力壮，呼风唤雨。

积雨云

积雨云既有积极的一面，也有消极的一面，它的性格与人类相似。它偶尔会在晴天兴风作浪，是天气突变的标志。

暖空气和冷空气

暖空气具有温暖和轻飘的特点，而冷空气则寒冷且凝重。云的故事要从它们开始讲起。

身材矮小的力士

雨和雪的质量会告诉我们意想不到的事情。

有关云彩的各种水滴和颗粒

水蒸气

云滴

雨滴

大气中的微粒
（气溶胶颗粒）

冰晶

雪晶

带有云滴的结晶

霰

雹

你可以从下一页开始数一数书里共有多少个水蒸气（粉色和蓝色）！
（答案在第171页）

目录

2 神奇的天空的故事

3 神奇的气象的故事

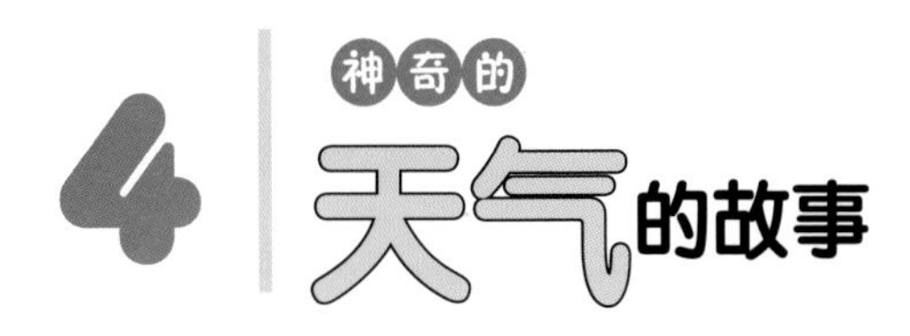
4
神奇的
天气的故事

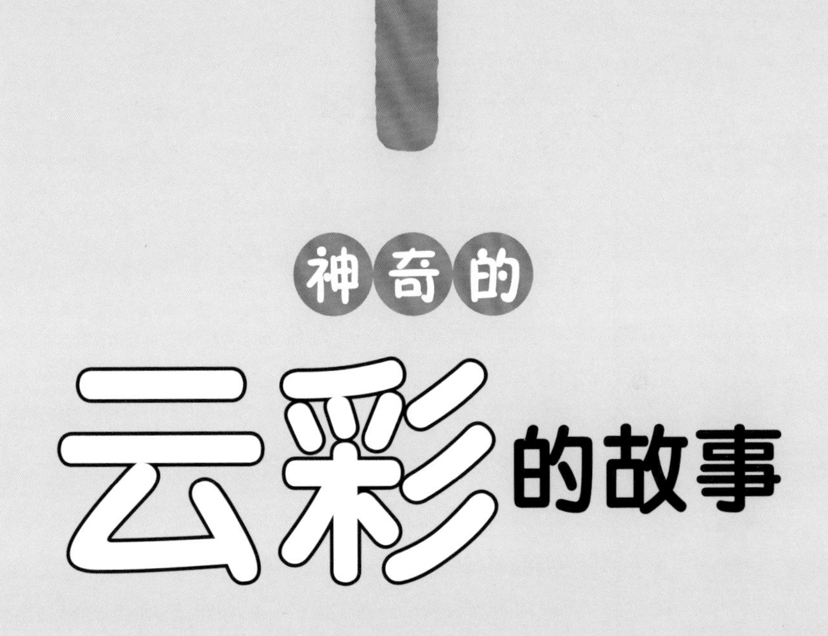

当我们仰望天空时，总能看到的最常见的自然现象，就是云彩。

决定天气好坏的也是云彩，而且，

因为天空有云彩，所以才显得美丽。

云彩点缀了我们的日常生活。

本章将讲述神奇的云彩的故事。

云彩的形状看似某种动物，这种现象有专属名称

当我们仰望天空中飘浮的云彩时，偶尔会感觉：那朵云看起来像一只鸟、这朵云像一只兔子。你是否曾经有过这样的经历呢？其实，云彩看起来像某样东西的现象是有专属名称的。

这叫作**幻想性错觉**（pareidolia，源于希腊语，是错觉的意思），是一种常见的心理现象。我们有时会把看到的东西不自觉地联想成自己熟悉的事物的形状，但其实它并不存在。

云彩有时看起来像人的脸。这种现象叫作**类像效应**（simulacra，原意为假像），是指当点和线排列成倒三角形时，大脑就会判断它是一张人脸的形状。比如，你似乎看到照片上显现出本来不存在的人，即所谓的灵异照片，这种现象就可以用此原理来解释。

抬头仰望天空，在蓝天上寻找看起来像动物或人物的云彩，你将会在天空中找到更多的乐趣。

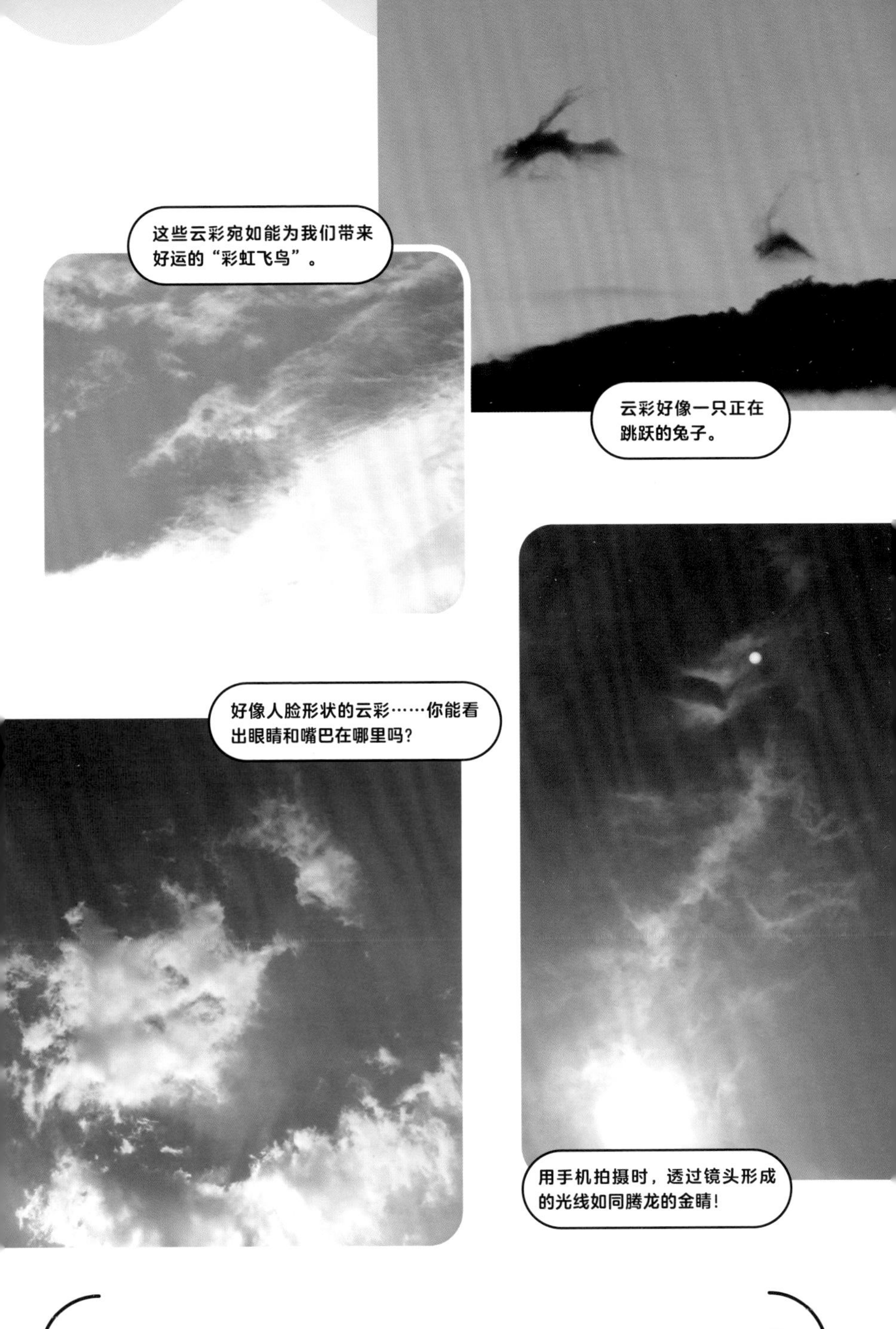

小知识 云彩在高空的气流和风向的影响下，瞬间就会改变形状和姿态。如果你发现有趣的云彩，要立刻用手机拍下来。所以要熟练掌握手机的摄像功能。

云彩是由水滴和冰晶组成的

朵朵白云飘浮在天空，也许有人幻想过：我想腾云驾雾，坐在云彩上畅游一番！然而，遗憾的是我们无法让它变为现实。即使你有这种想法，你的身体也会穿过云层跌落下去。为什么呢？因为云彩是由水滴和冰晶组成的。

云彩，**是由无数的水滴和冰晶组成的飘浮在大气中的集合体**。云滴（悬浮在空气中的小水滴）的半径大约是0.01毫米，它的直径相当于人类头发直径（大约0.1毫米）的五分之一。虽然云滴以每秒数毫米到数厘米的速度向下降落，但因为大气中有许多速度更快的上升气流（一种向上的气流），所以，云彩可以飘浮在天空中。

由水滴或冰晶组成的云是可以分辨出来的。一团团的浓厚云朵大部分是由水滴组成的，而在高空中流畅且条理分明的云则大多是由冰晶组成的。你可以通过观察天空中飘浮着的云彩的形状，想象一下那片云是由水滴还是冰晶聚集而成。快来仰望那些在天空旅行的细小颗粒吧。

云滴大小（半径）的比较

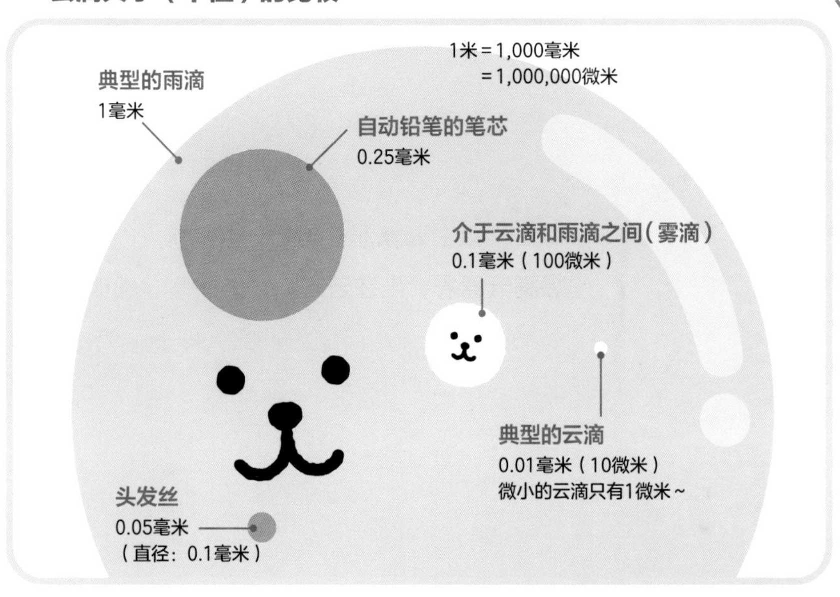

小知识 我曾经很认真地思考过：如果乘着云彩中的上升气流，是不是就能在天空翱翔呢？积雨云的上方有很强的上升气流，如果使用降落伞似乎可以在天空飞翔。不过，高度到达10千米以上，气温就会是零下几十摄氏度，那将是一个极寒的世界……

云彩大致可以分为十种类型

丝条云（卷云）犹如发丝般蓬松飘逸！

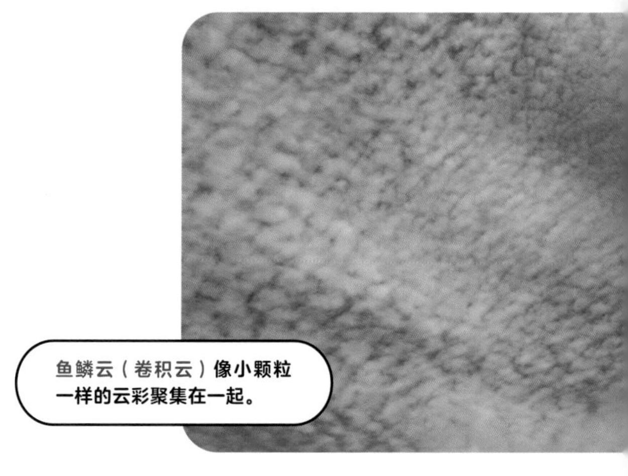

鱼鳞云（卷积云）像小颗粒一样的云彩聚集在一起。

你知道云彩的名称有多少种吗？所有的云彩都有各自的名称，它们大致可以分为十种类型。一般统称为**十云属**。

云彩的分类是根据它们的外形和高度划分的。按照高度可以分为：高空的高云族、中空的中云族、低空的低云族。高云族可以细分为**卷云、卷积云及卷层云**；中云族可以细分为**高积云、高层云及雨层云**；最后的低云族可以细分为**层积云、层云、积云及积雨云**(详情可翻阅第16

页至第19页)。名称中带有“积”的云一般气势庞大，像一团团的棉花向上堆积；带有“层”的云则比较稳重，会横向延展；带有“雨”的云会扰乱天气，带来降雨或降雪。除此之外，还有其他的分类方法。例如，由水组成的云为水云、由冰组成的云为冰云、由水和冰共同组成的云为混合云。

今后，当你仰望天空看到云彩的时候，试着说出它的名称吧。就像和别人打招呼时称呼对方的名字一样有亲近感，叫出云彩的名字，和云彩交朋友吧！

小知识 如果看见喜欢的云彩，请给它起一个名字吧。比如：棒棒云、胖胖云、狗狗云什么的。可以自由自在、随心所欲地命名。云彩的形状瞬息万变，看到喜爱的形状就给它起一个有趣的名字，记录下来。

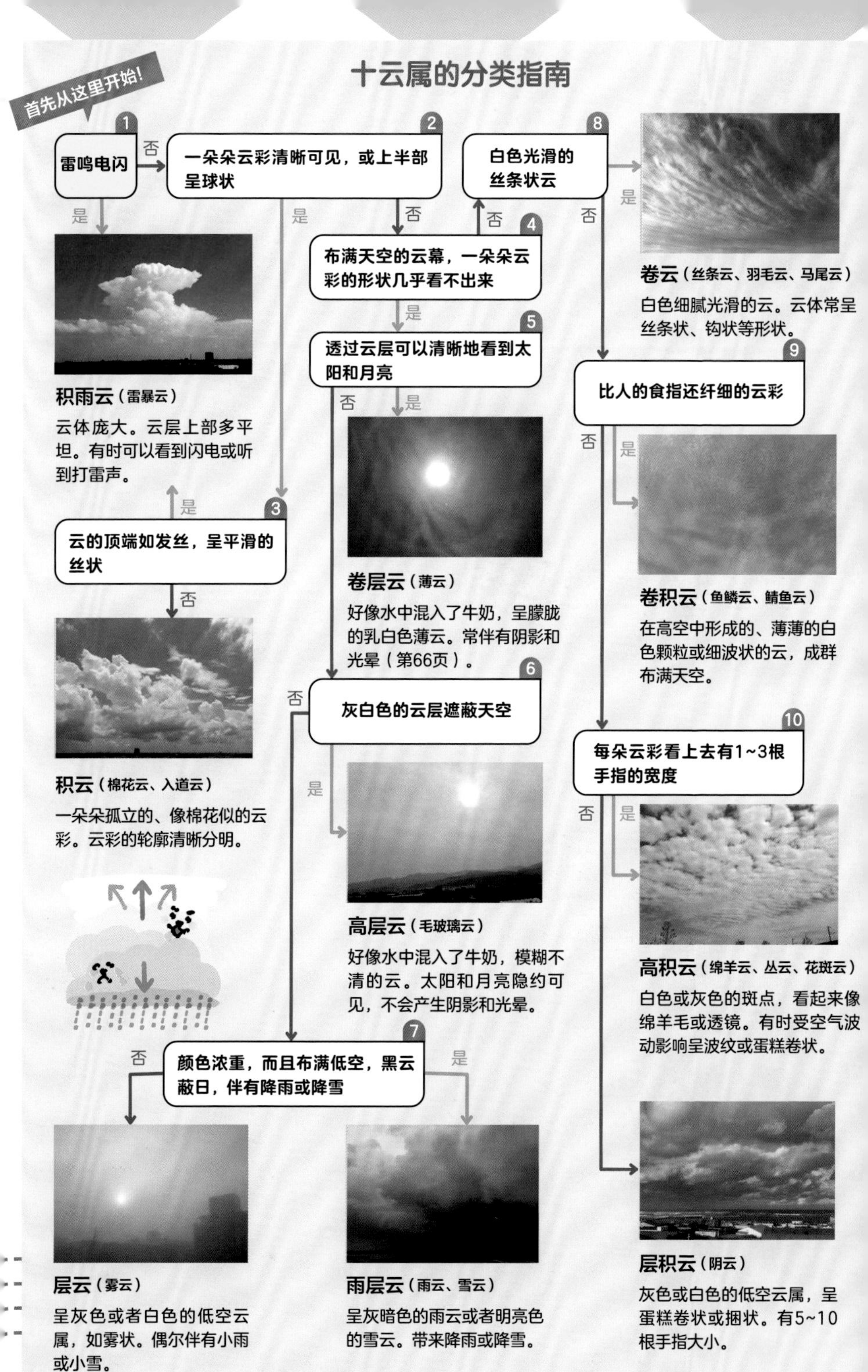
十云属的分类指南
首先从这里开始!
1 雷鸣电闪
否
是
2 一朵朵云彩清晰可见，或上半部呈球状
是
否
积雨云（雷暴云）
云体庞大。云层上部多平坦。有时可以看到闪电或听到打雷声。
3 云的顶端如发丝，呈平滑的丝状
是
否
积云（棉花云、入道云）
一朵朵孤立的、像棉花似的云彩。云彩的轮廓清晰分明。
4 布满天空的云幕，一朵朵云彩的形状几乎看不出来
否
是
5 透过云层可以清晰地看到太阳和月亮
否
是
卷层云（薄云）
好像水中混入了牛奶，呈朦胧的乳白色薄云。常伴有阴影和光晕（第66页）。
6 灰白色的云层遮蔽天空
否
是
高层云（毛玻璃云）
好像水中混入了牛奶，模糊不清的云。太阳和月亮隐约可见，不会产生阴影和光晕。
7 颜色浓重，而且布满低空，黑云蔽日，伴有降雨或降雪
否
是
层云（雾云）
呈灰色或者白色的低空云属，如雾状。偶尔伴有小雨或小雪。
雨层云（雨云、雪云）
呈灰暗色的雨云或者明亮色的雪云。带来降雨或降雪。
8 白色光滑的丝条状云
是
否
卷云（丝条云、羽毛云、马尾云）
白色细腻光滑的云。云体常呈丝条状、钩状等形状。
9 比人的食指还纤细的云彩
否
是
卷积云（鱼鳞云、鲭鱼云）
在高空中形成的、薄薄的白色颗粒或细波状的云，成群布满天空。
10 每朵云彩看上去有1~3根手指的宽度
否
是
高积云（绵羊云、丛云、花斑云）
白色或灰色的斑点，看起来像绵羊毛或透镜。有时受空气波动影响呈波纹或蛋糕卷状。
层积云（阴云）
灰色或白色的低空云属，呈蛋糕卷状或捆状。有5~10根手指大小。

▼ 十云属出现的典型高度和云滴的状态

▼ 十云属和日本附近常见云彩的特征

	学名	别名	高度	云滴的状态
高云族	卷云	丝条云、羽毛云、马尾云	5~13千米	冰
	卷积云	鱼鳞云、鲭鱼云		冰/混合
	卷层云	薄云		冰
中云族	高积云	绵羊云、丛云、花斑云	2~7千米	混合/冰
	高层云	毛玻璃云		
	雨层云	雨云、雪云	云底一般在下层 云顶在6千米左右	
低云族	层积云	阴云	2千米以下	
	层云	雾云	地表附近至2千米	
	积云	棉花云、入道云（浓积云）	地表附近至2千米 2千米以上为浓积云	
	积雨云	雷暴云	云顶高度通常高于10千米	混合

十云属的云彩们

⬇出现在高空，由冰晶组成。也称为丝条云、羽毛云、马尾云。

卷云

卷积云

➡遍布于高空，由细波、鳞片或球状细小云块组成。也称为鱼鳞云、鲭鱼云。

高积云

➡形态多样，常被称为绵羊云、丛云、花斑云。形状与卷积云相似，每个云朵约为1~3根手指宽。

层云

⬆最接近地面的云，也称为雾云。到达地面时会变成雾（第53页）。层云的状态比较稳定。

⬇导致天空阴暗的云团，也称为阴云。当受到风力影响时，呈现出各种姿态。

层积云

卷层云

⬆全部或部分覆盖天空，也称为薄云。由冰晶组成，太阳或月亮周围常产生光晕现象（第66页）。

雨层云

⬆常伴随降雨或降雪，所以也叫雨云或雪云。云层呈暗灰色，云底多变不稳定。

高层云

⬆呈灰白色，也称为毛玻璃云。广泛覆盖天空，有时太阳看上去好像隔了一层毛玻璃，轮廓模糊。

积雨云

⬆在高空生成，浓厚而庞大。云层下常产生雷雨等强降水。积雨云也叫雷暴云，有时会引起灾害（第32页至第39页、第110页至第123页）。

⬇在温暖的季节可经常看到，也叫棉花云。云底基本为水平状。通常可以发展为入道云（浓积云）。

积云

如果细分云彩的类型，竟然有100多种！

十分壮观的波状卷积云。

像碎棉絮的絮状卷云。

十大基本云属中，即使是名称相同的云，它们的外观和形成方式也大有不同。云和动植物一样有种类之分，十云属可再细分为云种、变种和副变种。

根据云的形状和内部结构的差异，可分为以下15个**云种**：毛状云、钩状云、密云、堡状云、絮状云、层状云、薄幕状云、荚状云、碎云、浓云、淡云、中云、滚卷云、鬃状云、秃状云。

云的**变种**，根据云的排列方式及其透明程度，分为以下9类：乱云、脊状云、波状云、辐

辏状云、网状云、复云、透光云、漏隙云和蔽光云。

云的**副变种**则包含11种附加特征及4种附属云。此外，还有以下分类：包括由飞机引擎尾气产生的凝结尾迹（飞机云）等4种**特殊云**，以及由其他云（称为母云）形成或发展而来的云。其中，**衍生云**由云的一部分变化发展而形成，**转化云**由云的全部或大部分经历了完全的内部转换而形成。

综上各种分类，云的类型竟然有100多种！请各位注意观察云的形态和形成方式。

小知识 首先，让我们花一点时间眺望天空。由水组成的卷积云的外观和名称会在短时间内发生变化，例如变为平滑的丝条状冰云。你眼前的那朵云叫什么名字呢？快在书中找找看吧。

云的分类一览表

云族	云属	云种	变种	副变种	母云和特殊云	
					衍生云	转化云
高云族	卷云	毛卷云 钩卷云 密卷云 堡状卷云 絮状卷云	乱卷云 辐辏状卷云 脊状卷云 复卷云	乳状云 波涛云	卷积云 高积云 积雨云 人为云（飞机云）	卷积云 人为云（飞机云）
高云族	卷积云	层状卷积云 荚状卷积云 堡状卷积云 絮状卷积云	波状卷积云 网状卷积云	幡状云 乳状云 雨幡洞云	卷云 卷层云	卷云 卷层云 高积云 人为云（飞机云）
高云族	卷层云	毛卷层云 薄幕状卷层云	复卷层云 波状卷层云	—	卷积云 积雨云	卷云 卷积云 高层云 人为云（飞机云）
中云族	高积云	层状高积云 荚状高积云 堡状高积云 絮状高积云 滚卷高积云	透光高积云 漏光高积云 蔽光高积云 复高积云 波状高积云 辐辏状高积云 网状高积云	幡状云 乳状云 雨幡洞云 波涛云 糙面云	积云 积雨云	卷积云 高层云 雨层云 层积云
中云族	高层云	—	透光高层云 蔽光高层云 复高层云 波状高层云 辐辏状高层云	幡状云 降水性云 碎片云 乳状云	高积云 积雨云	卷层云 雨层云
中云族	雨层云	—	—	降水性云 幡状云 碎片云	积云 积雨云	高积云 高层云 层积云

受风的影响而产生波浪状的云（第43页）

云的分类法	
云种	根据云的形状或其内部结构的差异
变种	根据云的排列方式和透明度
副变种	和云的部分特征或其他云一起发展的云
母云	发展为其他云的云
衍生云	一部分发生变化形成其他云的云
转化云	整体或大部分经历了完全的内部转换，转变为其他云的云

（续表）

	云属	云种	变种	副变种	母云和特殊云	
					衍生云	转化云
低云族	层积云	层状层积云 荚状层积云 堡状层积云 絮状层积云 滚卷层积云	透光层积云 漏光层积云 蔽光层积云 复层积云 波状层积云 辐辏状层积云 网状层积云	幡状云 乳状云 降水性云 波涛云 糙面云 雨幡洞云	高层云 雨层云 积云 积雨云	高积云 雨层云 层云
低云族	层云	薄幕状层云 碎层云	蔽光层云 透光层云 波状层云	降水性云 波涛云	雨层云 积云 积雨云 人为云（飞机云等） 森林云 瀑布云	层积云
低云族	积云	淡积云 中积云 浓积云 碎积云	辐辏状积云	幡状云 降水性云 幞状云 缟状云 弧状云 碎片云 波涛云 漏斗云	高积云 层积云 火成云 人为云（工厂排放的烟和烧荒产生的烟雾） 瀑布云	层积云 层云
低云族	积雨云	秃积雨云 鬃积雨云	—	降水性云 幡状云 碎片云 砧状云 乳状云 幞状云 缟状云 弧状云 墙状云 尾状云 流云 漏斗云	高积云 高层云 雨层云 层积云 积云 火成云 人为云（由大面积火灾形成）	积云

“积雨云衍生蔽光层云” 等组合有100多种！

浓积云和积雨云的区别是什么？（第32页）

积雨云有很多副变种！其中有引起天气巨变的云！（第164页）

05 云彩的颜色取决于「光」

积云的云底呈现较暗的灰色。

云给人们的印象总是白色的，当然我们也会看到暗灰色的云、火红色的云，还有彩虹般五颜六色的云。其实，云彩能够呈现出丰富的色彩，主要还取决于“光”。

我们肉眼能看见的光叫作**可见光**。根据可见光的波段长短，从红色到紫色，人眼感知到的颜色是不同的。太阳光的颜色看起来是白色的，这是因为太阳光中包含了各种波长的可见光，而人眼对这些光的混合感知形成了白色的感觉。当可见光波遇到大于其波长的微粒所组成的云，就会

产生散射（**米氏散射**）现象。散射的程度与入射光波长（颜色）无关。因此，从云层中散射出来的光是各种颜色混合在一起的光，**云彩看上去就是白色。**

雨云等较厚的云层，由于光的散射多在云层内部，所以透射出来的光线较少，云便呈现较暗的灰色。清晨或傍晚时分，阳光透过云层到达我们人眼能看到的色彩，只剩下近似于红色的颜色，所以，我们才会看到红霞漫天的火烧云（第80页）。

随着天空的状态和时间的变化，云彩的颜色也大有不同，记得要多观察它们的色彩变化。

小知识 看得见的光和看不见的光统称为“电磁波”。来自太阳的电磁波，除了可见光以外，还包括导致皮肤晒黑的紫外线以及红外线，红外线是一种即使没有触碰到温热物体也能感受到其热量的光线。

云彩的形成是因为空气很脏？

天空中飘浮着云朵，这对我们来说是习以为常的事情。但如果空气干净到没有一丝灰尘，那么，云彩几乎是不可能生成的。

云彩是水滴和冰晶的集合体，它们是空气中的**水蒸气**（透明气体状态的水）变成液态水或固态冰形成的。空气中水蒸气的含量因温度而异，湿度处于100%时，水蒸气含量刚好达到**饱和状态**。但是，在没有任何微粒的纯净空气中，理论上湿度不到400%是不会产生水滴的，而实际的空气不可能达到这样的湿度。

这是因为云滴主要是由空气中看不见的微小颗粒（**气溶胶颗粒**）组成，它们是在湿度略微超过100%时产生的，起着**凝结核**的作用。云中的水滴是由来自海洋蒸发的盐分、动植物和工厂烟雾中的微小颗粒形成的。

▼云滴的形成示意图

团团是一团空气，如果给团团喝水蒸气，根据是否有甜点（气溶胶颗粒），或者甜点的不同种类，形成云的难易度会发生变化。

饱和的团团

团团充满水蒸气正好处于100%湿度，再多喝一点吧。

今天已经喝饱了，
我要不要再喝一点呢？

甜点
（起凝结核作用的气溶胶颗粒）

形成云朵能力一般的气溶胶颗粒

形成云朵能力较高的气溶胶颗粒

没有吃甜点　**吃了普通的甜点**　**吃了易于形成云朵的甜点**

出人意料很能喝。可以喝下大于饱和状态数倍的水蒸气。

咦？好像完全没问题呀。

如果喝多了，水就会溢出来。

已经喝好了，
再喝就快吐出来了。

甜点的效果立竿见影，即使只喝少量的水，也会溢出来。

100.1%

真喝不下去了。
马上就要吐了……

工厂排放的烟雾起着凝结核的作用，促使了云的形成。

由船舶喷出的烟雾形成的云团卫星图像。这种云被称为船迹云，在船舶航行的上方低空中形成云迹。

小知识

冬天，我们呼气时会产生白色的哈气，这也是云的一种。然而在南极，人的呼气不会变成白色。这是因为南极没有人类和动植物生存，空气干净，绝少微小颗粒，无法形成凝结核，所以也就很难形成云。

云彩和热腾腾的味噌汤属于同类？

当你喝热腾腾的味噌汤时，可以先放下碗仔细观察一番。你会发现味噌酱在碗里上下翻腾。这叫作**热对流现象**。同样的现象在棉花云（积云）中也能看到。

热对流产生于下层热上层冷的状态，当温度出现较大温差时，就会发生空气或者水的对流。因为**上升气流**和**下沉气流**（向下方移动的气流）像细胞一样有规律地排列，所以，也叫作**细胞对流**。味噌汤中热对流的上升气流是味噌酱产生团状所处的位置，天空中的上升气流是棉花云所处的位置。

当味噌汤冷却之后，随着温度差的缩小，热对流现象也会消失。在天空中，当出现云层或者傍晚时分地表温度下降，此时，热对流现象就会消失，棉花云就难以形成。

如果你掌握了这个原理，在就餐时可以想象一下天空，或者在仰望天空时联想到美味的味噌汤。

随着热对流中的上升气流而产生的朵朵云团。

用锅加热味噌汤时会产生细胞对流现象！

小知识 炎热的夏季中午时分，当我们眺望道路的远方，会发现景色在晃动。这就是道路受热产生的热对流现象，使光线弯曲摇晃（第96页）。我们可以在生活中寻找热对流现象来感受一下。

味噌汤的热气也是云彩

从味噌汤中学习到的云科学知识并不只有热对流现象。其实，从热乎乎的味噌汤中升起的热气也是云彩。

随着空气冷却，空气中的水蒸气含量有所减少，水蒸气从空气中溢出形成水滴，从而形成云。

热气腾腾的味噌汤表面，除了会让周围的空气迅速升温，还向空气中散发大量的水蒸气。由于受热的空气较周围的空气轻，所以会向上升腾。此时，上升的空气与周围的空气混合在一起使温度下降，水蒸气变成水滴溢出，这就是热气。随后，热气与周围干燥的空气混合并迅速蒸发，**这种现象与云彩形成的原理完全相同。**

另外，当我们把点燃的线香靠近热腾腾的味噌汤时，形成云朵凝结核的微小颗粒（气溶胶颗粒）的数量就会增加，所以，味噌汤的热气冒得会更快。这个“造云实验”同样也可以用咖啡或热茶来完成。非常简单，不妨和家里的大人一起来做这个小实验吧。

这是“咖啡云”？！
“茶云”和“拉面云”也可以尝试一下。

➡晴朗的夏日，一场雷阵雨过后，道路上冒出了热气。雨水在温热的柏油路上被蒸发，与味噌汤和咖啡生成的热气一样。这也是云。

小知识 在烤肉餐厅里点了一碗热汤，服务员端来时是不是冒着很多热气？这是因为烤肉时产生的烟雾形成凝结核，容易产生热气（云）。如果称它为“烤肉云”，会不会觉得烤肉更好吃呢？

入道云的真实名称是『浓积云』

每到夏季，**入道云**便是一道风景线。你一定看到过夏季的天空中滚滚向上升起的白色云朵。入道云经常被误认为是积雨云，在气象学上，一般是把它们分类为积云之一的**浓积云**。

“入道”一词的本义是指皈依佛门的僧人，据说入道云的名字源于没有头发的僧人或者秃头妖怪的传说。

夏季的天空中，首先在低空形成积云，然后淡积云→浓积云→积雨云，依次生成。如果在浓积云的上方看到类似头发状的丝条结构，或者伴随着雷鸣电闪，浓积云就会变为积雨云（鬃积雨云）。

总之，**积雨云长出头发后不再是光头形象**，所以就不能继续称它为入道云。有些积雨云是没有头发的云（秃积雨云），但是在很多情况下，入道云可以说是浓积云。如果在夏季的天空看到入道云，请仔细确认它是否有头发！

长出头发后不再是入道云，变成了鬃积雨云。

云的上方变得平坦，有丝滑的感觉。

小知识 浓积云和秃积雨云在外形上十分相似，无法分辨。如果云的上方有雷电活动，下方有冰雹，那就是秃积雨云。观察时，首先要确保自身安全，然后再确认云端是否出现雷鸣电闪。

积雨云的一生好像人的一生？

说到积雨云，也许你会立刻联想到“乌云密布”“飞沙走石”的情景。其实，积雨云和我们人类的性格很相似，兼有积极和消极的两面性，可以说它的一生好像人的一生。

我们先来了解积雨云的“一生”吧。首先，低空中温暖潮湿的空气受到冷空气或山脉的影响被抬升后形成积云。当空气超过一定高度时，积云就可以独自上升，在发展过程中，如果伴有雷电活动，或者上部长出“头发”，它就拥有了新的名字——积雨云（第32页）。此时，在云层中产生的下沉气流抵消了上升气流，积雨云逐渐衰弱。下沉气流很快到达地面，同时向周围蔓延，把另一团温暖潮湿的空气抬升，于是生成了下一个积雨云。

积雨云的一生好像人的一生。即使性格开朗的人有时也会产生消极情绪，而且，人总有一天都会变老。也许有一天，我们也会像积雨云一样，把自己的理想寄托给下一代吧？

积雨云的一生

1 空气被抬升

2 产生积云

3 独自上升

4 积雨云的形成与消极情绪的萌芽

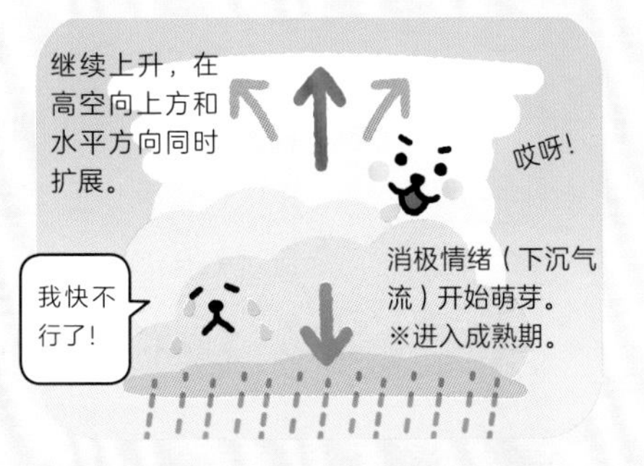

5 积雨云的成熟

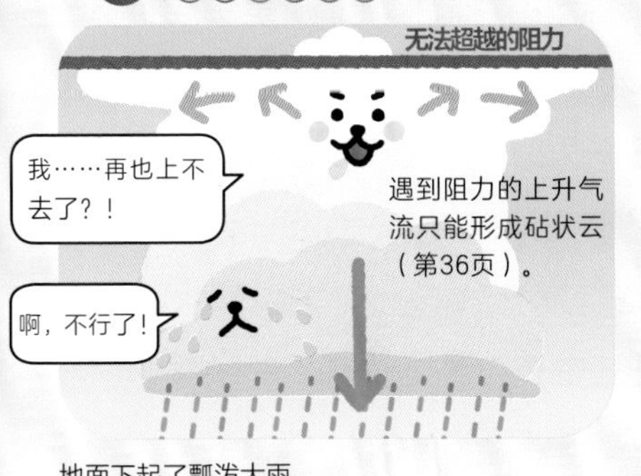

地面下起了瓢泼大雨。
云一直受到消极情绪（下沉气流）的影响。

6 积雨云的衰弱及新一代的诞生

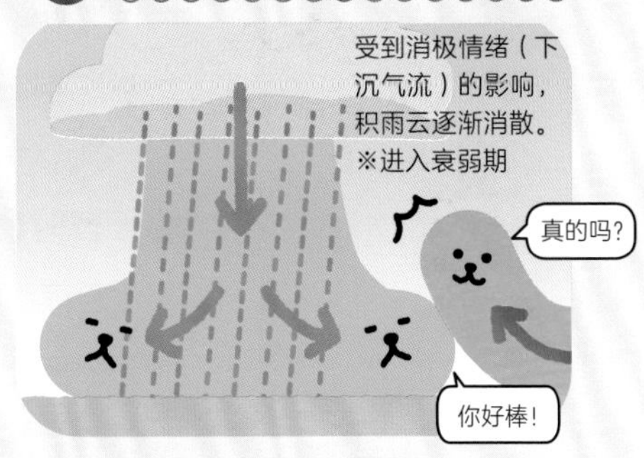

下沉气流到达地面后向周围蔓延，产生新的上升气流。

小知识 滚滚上升的云朵通常伴随着上升气流。因为气流的上升会造成周围的空气有所缺失，为了恢复原样，它周围的空气反而向下方流动。这就如同当有人兴奋过度时，周围的人都选择尽量躲避一样。

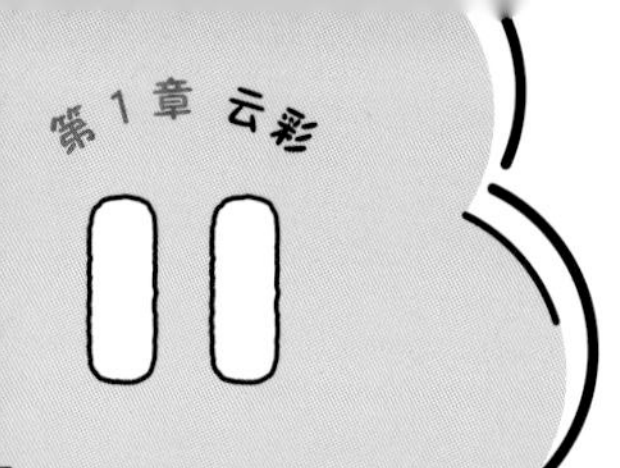

积雨云的身高有时能超过15千米！

当积雨云发展到极限时便无法上升，只能横向扩展，于是，拥有了新的名称**砧状云**。它的高度有时能超过15千米。

积雨云是**大气状态不稳定**时形成的。这是因为当大气层的底部温暖而顶部寒冷时（第167页），往往使得空气容易上升。反之，如果大气层的底部寒冷而顶部温暖，下面的空气就不容易上升，大气层会比较稳定。根据大气不稳定的程度，云层能发展到的极限高度也随之变化。在极度不稳定的条件下，积雨云可以发展到**对流层顶**，即**对流层**和它上方的**平流层**之间的边界，高度可达十几千米。

在夏季的日本，对流层顶的高度大约为15千米，有时可高达16~17千米。积雨云也会通过强烈的上升气流突破界限，稍微进入平流层（**过冲**），于是便可在砧状云的上方看到层层涌出的庞大云层。即使我们身处200千米以外的地方，也能看到高大的积雨云。出现积雨云的天空看上去似乎总是比平时要更高一些！

←就好像把花洒喷头朝上放入浴池水里，水面略微有些沸腾似的。

↑砧状云的名称是因为它的形状与打铁时使用的铁砧相似而来的。

▼因高度不同而产生的气温差异（日本附近的天空）

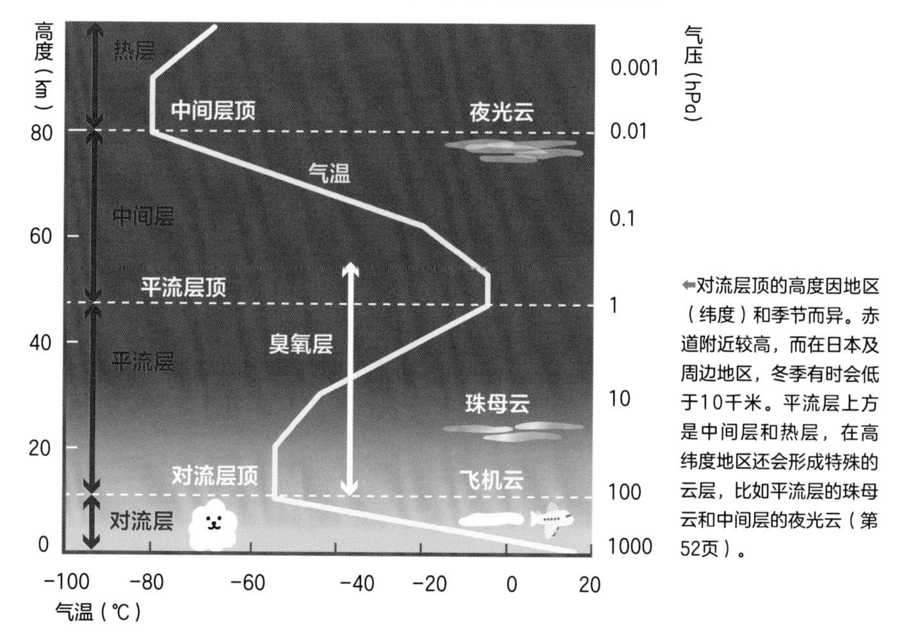

←对流层顶的高度因地区（纬度）和季节而异。赤道附近较高，而在日本及周边地区，冬季有时会低于10千米。平流层上方是中间层和热层，在高纬度地区还会形成特殊的云层，比如平流层的珠母云和中间层的夜光云（第52页）。

小知识 平流层中包含臭氧层，臭氧层吸收紫外线并释放热量，所以平流层的高空中越往上温度越高。因此平流层中的大气比较稳定，对流层顶就形成了一个“盖子”，也就是云层可发展到的极限高度。

12

积雨云的含水量相当于1万多个25米游泳池的蓄水量

积雨云从远处看虽然十分美丽，但是，在它们下方通常会伴有雷鸣或暴雨等剧烈的天气现象。这些引发暴雨的积雨云里竟然含有**相当于1万多个25米游泳池的蓄水量**。

气象雷达用于监测雨雪云的位置和动向。它可以测量云层中的雨雪颗粒，以此来估算降雨的强度。一项利用雷达计算单个积雨云所含水量的研究发现，它可能包含多达600万吨水量。这大约相当于1万个25米长的游泳池（宽16米，深1.5米）的蓄水量。顺便可以比较一下，如果换算成一个普通家庭的浴缸（蓄水量为200千克），则相当于3000万个浴缸的蓄水量。

如果你想象一下，在天空中飘浮的积雨云中含有大量水，你是否会意识到，云彩就是我们生活中常见的自然现象！

小知识 积雨云的寿命一般十分短暂，只有30分钟到1小时的时长，如果用雷达观测到云中产生了雨和雪就已经来不及躲避。所以，现在主要观测的是形成云之前的水蒸气含量。提高预报精确度的研究仍在继续。

13 形状像蛋糕卷的云究竟是什么？

低矮的天空有时会出现长长的像蛋糕卷一样的云。这种云通常是沿着**锋面**形成的。锋面是指性质不同的两种**气团**的交界面，而这种形状像蛋糕卷的云通常会在小型的锋面上形成。

其中之一是**弧状云**。伴随着积雨云，寒冷的下沉气流到达地面，在向四周蔓延时形成**阵风锋**，而在阵风锋之上形成的就是弧状云。弧状云从上方看近似弧形拱门，因此而得名。由于它的经过会带来阵风，所以一定要格外注意。

此外，在沿海地区，从海上吹向陆地的**海风**，与从陆地吹向海上的**陆风**相遇也会形成锋面，沿着此锋面便会形成长长的像蛋糕卷的云。

在澳大利亚北部的卡奔塔利亚湾地区，就可以观测到长度可达1000千米的——相当于从东京到九州的屋久岛或到北海道网走市的距离——**阵晨风云**。这种云极其罕见，期待一生能有一次机会近距离观赏！

阵风锋之上形成的**弧状云**正在向我们这里逼近。

▼ 弧状云的构造

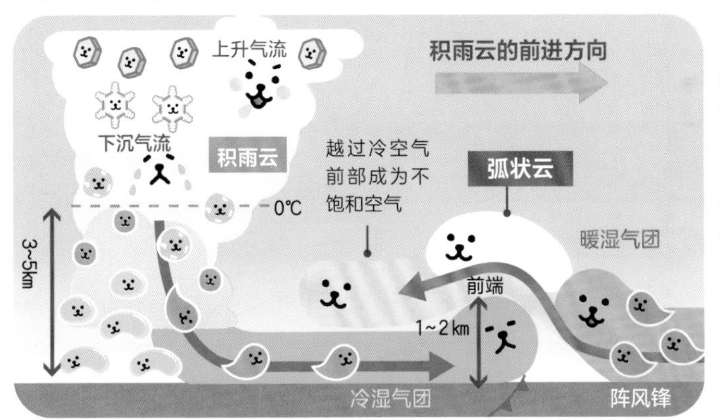

⬅从积雨云中流出的冷空气形成阵风锋，将暖湿气团抬升形成弧状云。越过冷空气前端的气团处于不饱和状态，云便会消失，因此，弧状云只在阵风锋的前端出现。

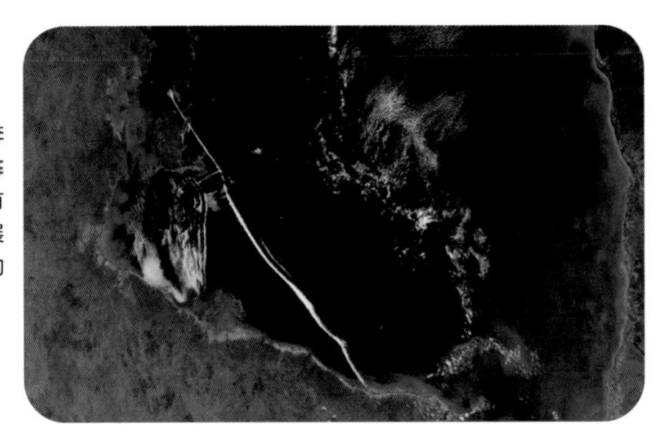

➡澳大利亚北部的卡奔塔利亚湾地区出现的**阵晨风云**。由于云层中有上升气流，所以是开展滑翔伞运动得天独厚的场所。

小知识 在日本北陆地区的海岸边，有时会出现类似阵晨风云构造的像蛋糕卷的云。这是由于从寒冷的陆地吹向海面的陆风和从海面吹向陆地的海风相遇而产生的。

这是UFO吗?! 奇形怪状的云彩

像UFO的**荚状云**。

富士山顶的**山帽云**充满梦幻。

云彩会以各种各样的形状出现在天空，有时候会呈现出像UFO（不明飞行物）的形状，有时候看起来又像白海豚、口蘑、棉花糖或者气球。

这种云彩的名字叫**荚状云**。它是由经过山脉的气流形成的，是一种非常独特的透镜形状的云。当空气经过山脉上空时，气流会在山的背风坡上下波动，产生大气波动，并向高空传送。因

▼山帽云和荚状云的构造

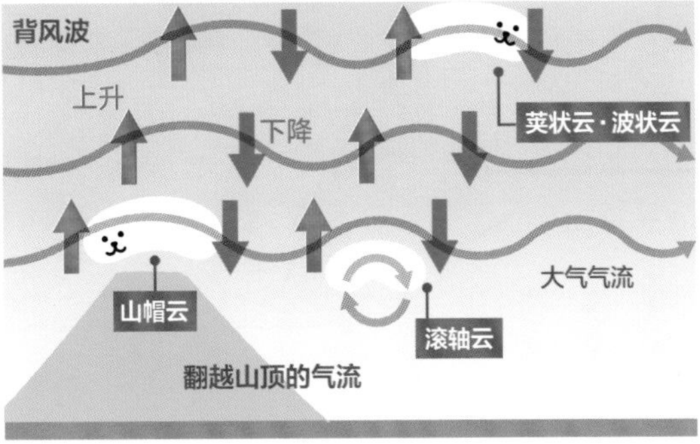

背风波
上升
下降
荚状云·波状云
山帽云
滚轴云
大气气流
翻越山顶的气流

➡当空气经过山脉时，山的背风坡会产生大气的波动（背风波）。此时，山顶上会形成山帽云，而当波动传送到高空会生成荚状云。如果山脉连绵起伏，荚状云则会变成波状云（第20页）。有时在山的背风低空还会出现滚轴云，是一种带状云。

▼山帽云的分类

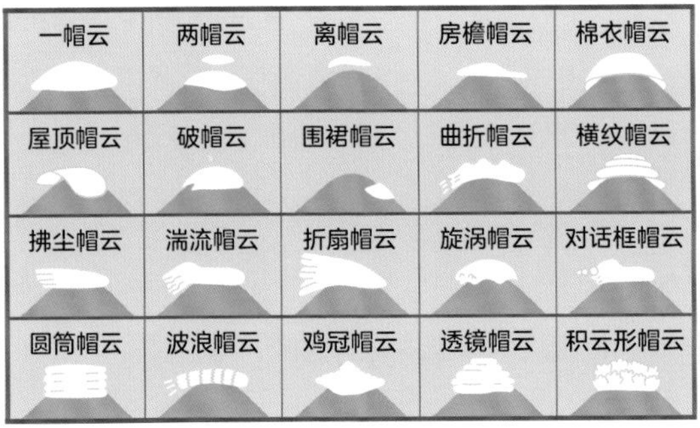

一帽云	两帽云	离帽云	房檐帽云	棉衣帽云
屋顶帽云	破帽云	围裙帽云	曲折帽云	横纹帽云
拂尘帽云	湍流帽云	折扇帽云	旋涡帽云	对话框帽云
圆筒帽云	波浪帽云	鸡冠帽云	透镜帽云	积云形帽云

▼荚状云的分类

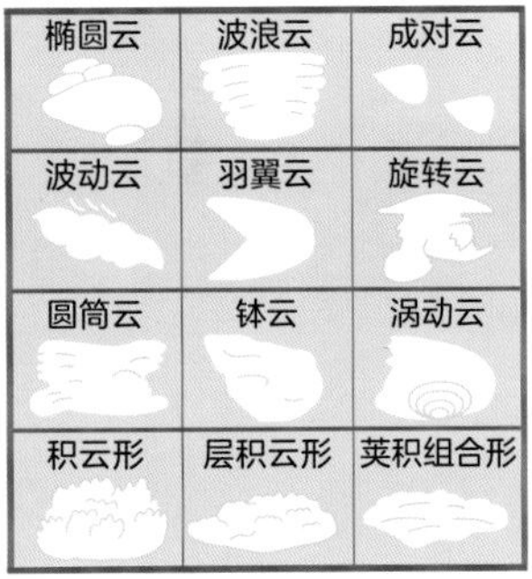

椭圆云	波浪云	成对云
波动云	羽翼云	旋转云
圆筒云	钵云	涡动云
积云形	层积云形	荚积组合形

为空气在波动中上下流动，所以，当空气随波动上升就会形成荚状云，通常出现在相当于波峰的位置，而随波动下降时便消散。由于荚状云是在高空借助强风形成的，所以它的表面光滑整齐，并不像其他云朵那样蓬松。在山顶形成的像透镜形状的云朵也称为**山帽云**。

当你近距离观察荚状云时，一定会被它的形状和姿态所震撼。不过，它也预示着天气将变得糟糕，所以，在看到这种云的时候务必关注天气预报。

小知识 有“云伯爵”之称的日本气象学者阿部正直博士（既是博士又是伯爵，所以被称为“博爵”）曾撰写过关于富士山的山帽云和荚状云分类的论文。在当地流传着根据山帽云和荚状云预测天气的民俗。

云彩破大洞的秘密

天空中的云彩有时会为我们呈现出十分神奇的景象。其中之一就是，云层中好像突然破了一个大洞的**雨幡洞云**（也叫穿洞云）现象。

雨幡洞云现象容易在温度较低的高空卷积云（鱼鳞云）中产生。这种卷积云是由**过冷却**的水滴组成的，也就是，即使温度低于0摄氏度也仍以液态形式存在的水滴。我们一般认为水在0摄氏度时会冻结，但由于天空中缺乏冻结成冰晶的尘埃（气溶胶颗粒），所以水滴难以冻结，仍然保持过冷状态。由于气流运动等原因，卷积云中产生了冰晶，而冰晶在凝结过程中需要利用周围的水蒸气，为了填补水蒸气的不足，过冷却水滴便开始不断蒸发。于是，云层中的窟窿越开越大。

在雨幡洞云的中心，冰晶不断增加，然后雪花般纷纷降落。而雪花在飘落过程中又不断蒸发，形成了外观好像拖着尾巴的**幡状云**。所以，如果卷积云在天空中不断扩展，即使只看到一些朦胧的幡状云，那么，你将有机会目睹到雨幡洞云的风采。

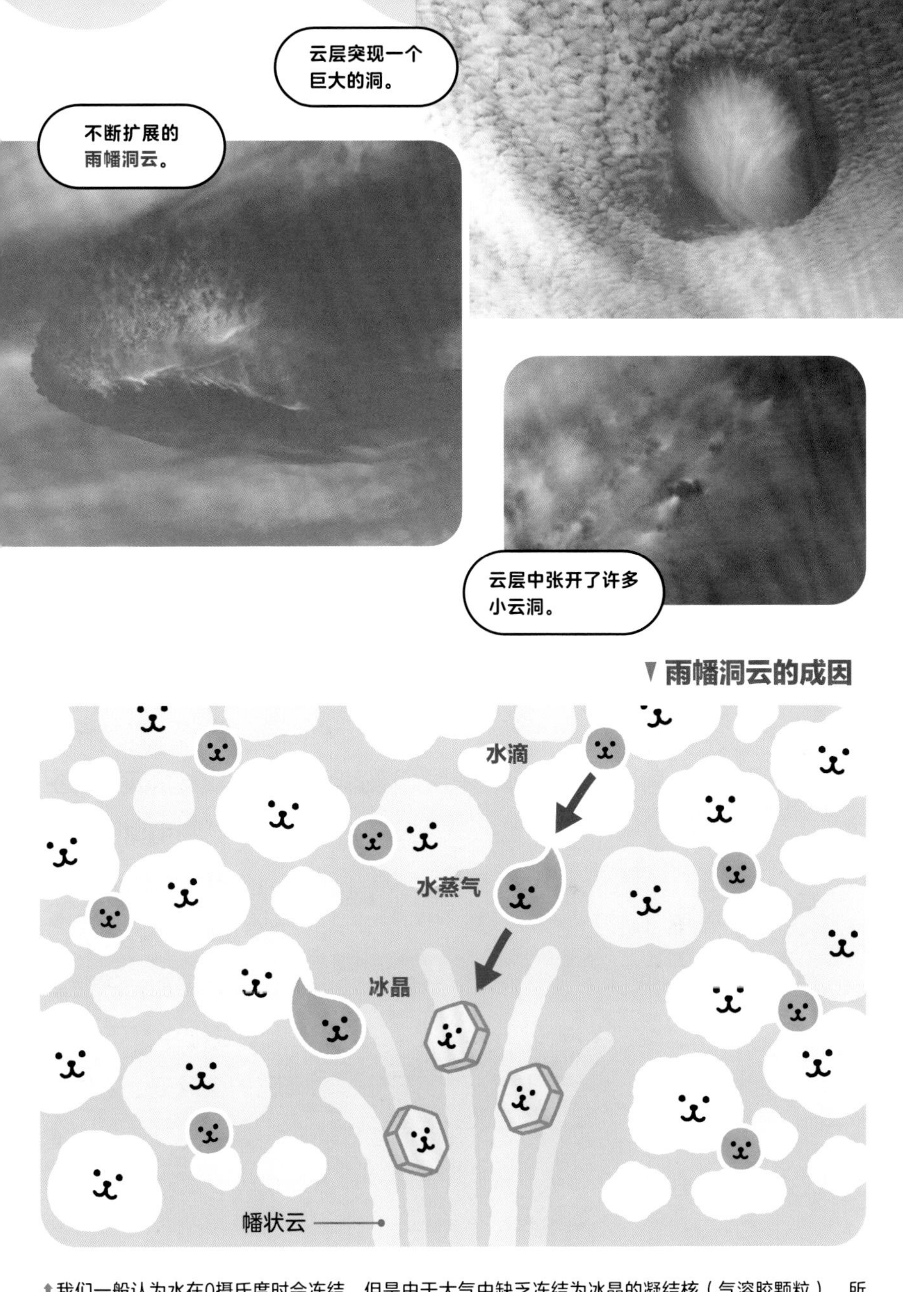

⬆我们一般认为水在0摄氏度时会冻结，但是由于大气中缺乏冻结为冰晶的凝结核（气溶胶颗粒），所以，在低温的天空形成的卷积云和高积云主要由过冷却水滴组成。一旦冻结成冰晶就会迅速变成冰云。

小知识 雨幡洞云的魅力在于它包含有水的三种形态。鱼鳞状卷积云中的水滴由液态转变为气态，再由气态转化为固态，从而形成云洞。水滴们在不断转换着形态（这就是水的相变）。

云彩的形状因为风瞬息万变

受高空强风的影响而形成透镜形状的云。

云彩具有单纯、容易流动的特性，只要被上空的风一吹，它的外观就会迅速发生变化。

最典型的就是**荚状云**（第42页），它的光滑外表就是天空中强风劲吹的结果。另外，当水平云层和它上面的空气层之间的风强度不同时，会引发一种叫开尔文-亥姆霍兹不稳定性（以物理学家的名字命名）的现象，从而以卷曲或海浪的形式出现**波涛云**（源自拉丁语fluctus，意为波浪、涌动。第22页至第23页）。在棉花云（积

云）即将消失时，云层的上升气流和下沉气流所形成的旋涡中会残留一部分云朵，形成像马蹄形状的云（**马蹄涡云**）。当乌云密布，风雨来临时，云层会随着大气波动在云底形成波涛汹涌的**糙面云**（源自拉丁语asperitas，意为粗糙）。

所以，云彩非常单纯，它用自己的形态告诉我们空气中的气流如何在天空中流动。让我们通过云彩的外观来了解天空中的风吧。

小知识 云彩的名称由世界气象组织（World Meteorological Organization，WMO）公布的《国际云图集》所规定，全部是拉丁文。这是因为从前的学术论文使用的标准语言不是英语，而是拉丁语。

17

飞机云有几道由引擎数量决定！

蓝天上划过一道白色的**飞机云**（也叫航迹云），就像一幅美丽的风景画。其实，飞机云有几道，这是由飞机引擎的数量决定的。

飞机云在云的分类上属于特殊云之一，它出现在温度极低的高空，是人类活动生成的**人为云**。飞机引擎排出的废气温度高达300摄氏度至600摄氏度，与周围的冷空气混合后迅速冷却，此时，引擎的后部就会出现相同数量的飞机云。另外，如果空气中的湿度较大，在飞机的机翼周围会形成空气旋涡，由此引发部分区域的气压下降，从而导致温度下降，机翼的整体部位便会生成飞机云。

空气中的湿度较低时不会产生飞机云，湿度越大飞机云的寿命越长，而且会不断延展。如果飞机云在天空停留十分钟左右，它的分类就属于卷云，之后还会变成卷积云或者卷层云。如果从西边开始变天（第126页），高空的湿度增加，就比较容易产生寿命长、不易消散的飞机云，这也是将要下雨的征兆。

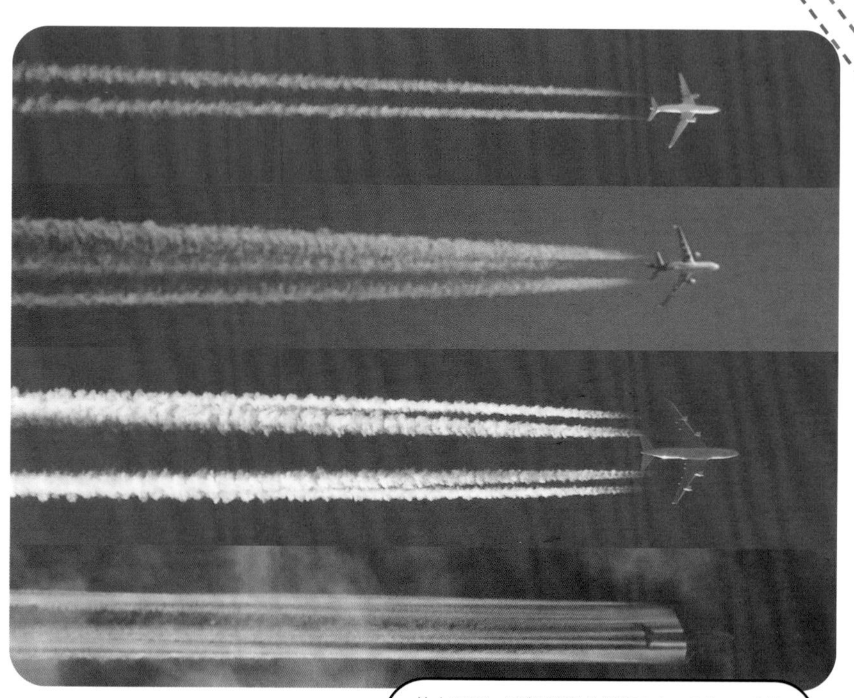

从上至下，飞机引擎分别有2个、3个、4个的飞机云，最下图是机翼后部形成的飞机云。

飞机云中有时会出现漂亮的彩云（第72页）。

晚霞染红的飞机云。

小知识 日出之前或日落之后短暂出现的飞机云有时会在霞光的映照下变得红彤彤的，好像长尾巴的扫帚星在燃烧。据说看到它的人都会感到万分惊讶，还咨询天文台的专业解答。

并不是只有天空才能形成云彩

味噌汤、咖啡或者浴室产生的热气其实也是云彩的一种类型（第30页）。我们在生活中可以感受到各种各样的云，有些还是在你意想不到的地方产生的。

比如，瀑布产生的**瀑布云**（源自拉丁语cataract，意为瀑布。第22至第23页）。由于瀑布的流动，周围的空气受到扰动而产生下沉气流，为了填补气流下降后失去的空气，产生了上升气流，因此便形成了云，有时瀑布的水花也会直接转变成云。

在森林中出现的**森林云**（源自拉丁语silva，意为森林）是由于植物呼吸（蒸腾作用）导致水蒸气含量过多而形成的。此外，当空气湿度非常高时，工厂烟囱排出的烟雾可以直接形成云。大面积烧荒或者火山爆发时产生的上升气流也会形成云（**火灾云**）。

这些云都属于特殊云的类别，它们只有在某些特定的场所和条件下才会形成，需要有一定的时机才能看到。

瀑布形成壮观的瀑布云。

森林中出现的雾蒙蒙的森林云。

在野外燃烧树枝、杂草和稻草时产生的火灾云。

小知识

当你在洗澡时，如果仔细观察浴室里的热气，就能看到热气像某种生物一样飘忽不定。云层中的空气有时也会像浴室里的热气那样游动。如果你把这种浴室里的热气想象为天空的云彩，一定很有趣。

火箭发射能产生云彩？

笔者在鹿儿岛拍摄到的火箭云（2018年1月18日）。

芬兰的夜光云。自然形成的夜光云
夜空中泛着银白色和蓝色的光芒。

夜空中闪耀如蛟龙腾飞的云彩，是火箭发射产生的**火箭云**（夜光云的一种）。

夜光云是在地球高纬度地区的夏季，凌晨太阳升起或者黄昏太阳降落时，黑暗的天空中可以看到的一种发光的云。一般在距地面高度75~85千米的大气中间层（第37页），温度最低时形成。这种云是地球上出现的最高空的云。

另外，火箭发射升空后排出的废气成为大气中的微小颗粒，也能在中间层形成夜光云。白天由于光线耀眼，即使产生夜光云肉眼也看不到，但是在日出前或者日落后的夜空中就可以观测到。

小知识 如果在晴朗无云的天气状况下，日出前或者日落后，在冲绳至关东地区的广阔范围内，可以观测到种子岛上空火箭发射产生的火箭云。你可以关注火箭发射的时间段是否接近上述时间，以及当天的天气预报，如果条件符合，就可以观测火箭云。

雾，原来是笼罩在地表的云

↑在高耸的住宅楼上眺望浓雾笼罩的城市，仿佛置身于美丽的**云海**中。

“云彩飘浮在空中，看得到却摸不着，真让人着急。”对于有这种想法的人来说，本书给你带来一个好消息。其实，**雾**，就是一种笼罩在地表的云（层云）。雾的种类大致有以下几种：天气晴朗的夜晚，当地面的热气散发到天空，地面温度下降，此时就会生成**辐射雾**；当温暖潮湿的空气流动到寒冷的海面时，海面上就会生成**平流雾（海雾）**；冬季，当冷空气流动到温暖的地面或水面时，会生成**蒸发雾**。

从物理学角度来讲，人们在地上可以触摸到的雾和云没什么差别。我们可以在潮湿且朦胧的浓雾中感受到云，这也是一种美妙的体验。

小知识 在各种雾中，辐射雾是一种容易预测的雾。它的特征是一般出现在雨后或者晴朗的夜晚。如果天气预报发布大雾预警，第二天早上就有机会看到雾气。

云彩不会成为地震的前兆

向这边飞行的飞机生成的飞机云，看上去好像在空中爬升。

像惊叹号“！”似的飞机云。因为与我们看天空的方向一致，越飞越远的飞机生成的飞机云，看起来好像要从天上掉下来。

每当地震发生时，“天空出现过地震云”便会成为热门话题，但是，**云彩并不会成为地震的前兆。**

人们经常称为“地震云”的云，它的外形呈细长的带状，仿佛站立在天空。这种云彩其实是当你从地面眺望天空时，与你视线同一方向延伸的飞机云，它是在同一高度的位置水平形成的。此外，波状云、荚状云、朝霞、晚霞，甚至红月

蓝天和高积云的界限清晰分明。因为空气十分干燥，所以和云团的界限分明。

受到高空大气波动影响的**波状云**。通过云彩可以了解高空的风向。

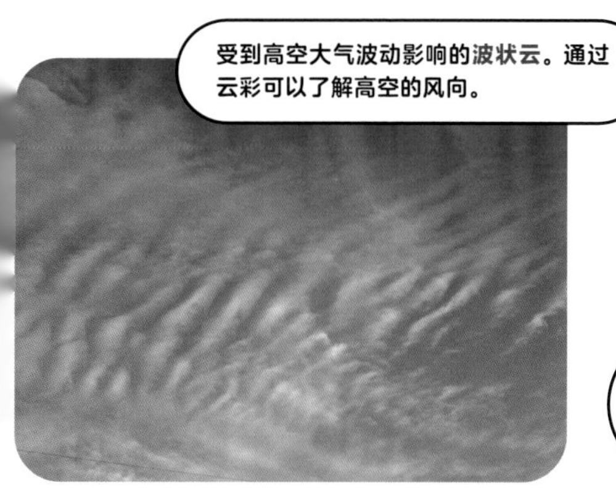

反云隙光现象（第93页）使天空呈现出不同的颜色。太阳被云层遮盖后，光和影分离，延伸到与太阳相对一侧的天空。

亮有时也都会被误认为是地震的前兆。 然而，所有这些都可以用云科学的知识进行解释。

首先，我们根本不知道地震发生时，地下的结构是否会对云层产生一定影响。其次，假设即使有一定影响，也无法与用云科学解释的现象进行区分，所以，不能以云的形状来判断它是“地震的前兆”。

如果你身边有人说：“我看到了地震云，太可怕了！”那么，请告诉他们：“如果担心地震的话，就应该在平时防患于未然，现在还是尽情欣赏云彩吧。”

小知识 虽然我们不能通过云彩来预测地震，但通过它们可以预测天气的变化（即观天望气，第162页）。 每种云彩都有属于它们自己的名字，你可以通过比对十云属的分类指南（第16页），用各自的名称来称呼它们。

趣味知识 1

天气预报员是做什么的？

天气预报员＝气象专家

他们不仅在电视上解说天气预报，有的还是记者、出版社编辑，或者在教育领域和防灾部门工作。

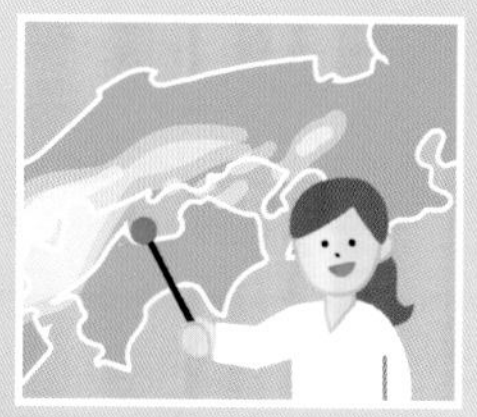

天气预报员？就是在电视上介绍天气情况的那个人吧！

日本的天气预报员有1万多人，其中90%以上并不从事天气预报的工作。所以，如果你要问他们“今天的天气怎么样？”，他们也不能立刻回答，需要调查一番。不能仅凭借“天气预报员”资格来判断这个人，需要进一步了解他们的具体工作。

说到**天气预报员**，你可能会立刻想到在电视上播报天气预报的播音员。但其实，天气预报员需要获得国家认证的资格证书，他们可以活跃在许多行业。

持有日本天气预报员资格证的人，可以在获得日本气象厅认可的民间气象公司制作并发布天气预报。他们不仅可以在电视节目中解说天气，还可以编写天气预报所需的文案；可以作为撰稿人或记者撰写气象报道；也可以在出版社从事图书编辑工作；在地方政府从事防灾工作。

日本天气预报员的资格考试合格率仅为5%，难度极高。不过，这个资格考试没有年龄限制，以前曾经有小学生考取资格的事例。任何人都可以参加考试，只要你对气象感兴趣，就可以学习气象知识并参加考试。

神奇的

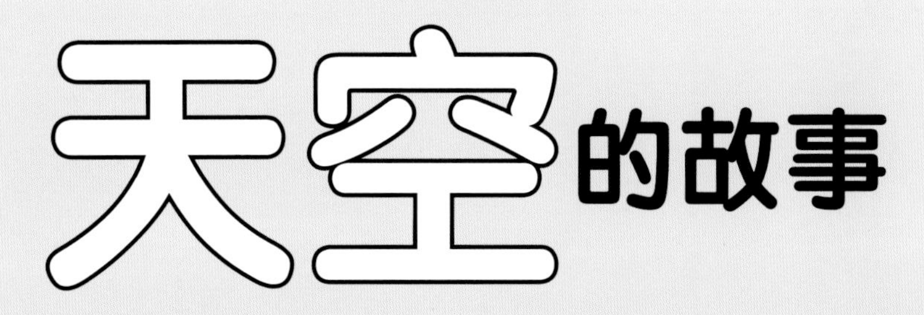

雨后天空架起的美丽彩虹、红霞映照的天空——
天空有时会呈现出令人感动的风景。
如果我们能了解天空出现的各种自然现象的原理，
就能捕捉到更多罕见、亮丽的景色。

22

彩虹其实不是半圆形而是圆形

雷雨过后出现的双彩虹。

雨过天晴，天空中常常会架起一座彩虹桥，好像在给人们展示魔法般美丽的风景。可你知道吗？彩虹其实是圆形的！

彩虹是一条圆弧状光带，它的颜色排列顺序是从红色到紫色。一般出现在下雨时或下雨后，与太阳相对一侧的天空。彩虹即rainbow，意为“雨之虹弧”。当太阳光照射到雨滴时，光线在雨滴内部发生**折射**，由此形成绚丽的七彩光。我们经常能看到的是内侧为紫色，外侧为红色的**主虹**。如果光线强度高，主虹的外侧会生成**副虹**（也称霓），它的颜色排列顺序刚好与主虹相反。此

接近日落时分看到的彩虹几乎是半圆形。

太阳高挂的白天出现的彩虹一般位于低空。

时，主副这两道彩虹便构成了**双彩虹**。

彩虹通常是以**对日点**为中心的圆形，对日点位于太阳的相对方向，也就是太阳照射到地面能产生阴影的地方。我们能看到的彩虹的可见部分与太阳的位置直接相关，所以，在地面上只能看到彩虹的一部分，而另一部分被地平线挡住了。当日出或日落时，我们看到的彩虹为近似半圆形；而当太阳较高时，通常只有在较低的天空（例如，在地平线附近）才能看到彩虹的颜色。

站得越高看到的彩虹也越完整。我们身处高楼、大桥或飞机上时，往往可以更容易看到对日点，所以，这些地方也是欣赏圆形彩虹的好地方。

小知识 一般认为彩虹是七种颜色（红、橙、黄、绿、蓝、靛、紫），但日本理科年表中没有靛色，为六色。另外，德国认为彩虹为五色，还有些地区认为是三色，彩虹的颜色根据国家和地区不同而各异。

我们永远到不了彩虹脚下

“彩虹脚下是什么样子呢？好想去看看啊！”你是否有过这样的想法？但遗憾的是，你永远无法到达那里。

我们已经了解彩虹是一个以对日点为中心的圆形。从一侧地平线到对侧地平线为180度时，我们仰望天空所看到的最大范围通常可以称为**视角**。以对日点为中心，主虹和副虹（第58页）分别出现在视角42度和50度的位置。无论观测者在哪里仰望天空，看到彩虹的位置都是相同的。所以，**无论你怎么追赶彩虹都无法接近它**。因此，我们永远到不了彩虹脚下，也不能穿过彩虹。这就如同清晨和傍晚时分，我们无法追上背对太阳产生的自己的影子，两者是同一原理。

但是，这并不意味着你绝对看不到彩虹脚下的风景。现在的数码相机和智能手机都可以使用高倍率功能进行变焦摄影。拉近你的镜头，来记录彩虹下面的美丽景色吧。

使用变焦功能拍摄到的、彩虹映照下的美轮美奂的城市景观。

出现在主虹内侧的附属虹。

⬆在清晰明亮的主虹内侧（紫色）或者副虹外侧，可以看到多种色彩叠加的附属虹（光线发生干涉的纹路）。

▼彩虹形成的构造和位置

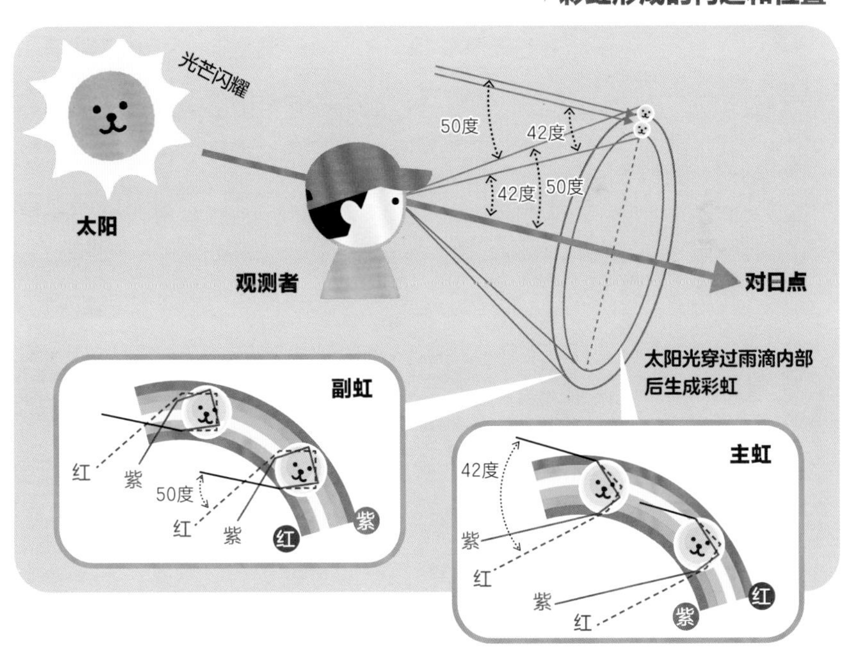

小知识 我们有时能在清晰明亮的主虹内侧（紫色）或者副虹外侧，看到多种颜色叠加的彩虹色——附属虹。当你看到一道绚丽的彩虹时，请仔细寻找一番吧。

巧遇彩虹的方法

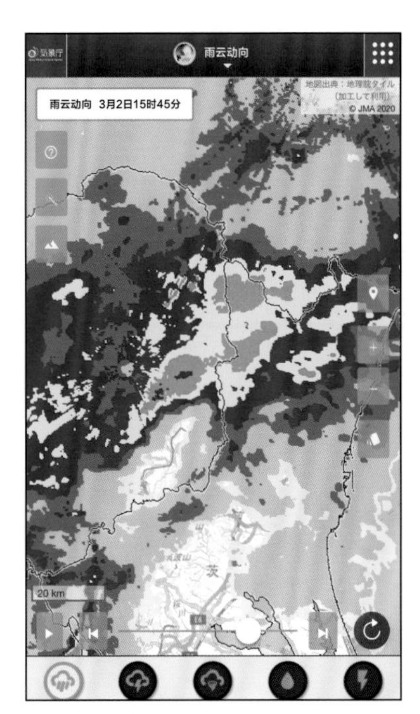

实时天气预报

←日本气象厅发布的气象雷达实时降雨云图。降水量的预报即使解读方法不同，但数据也基本相同。

也许有人认为能看到彩虹实属偶然现象，其实不然，我想告诉大家，彩虹是可以有机会偶遇的。

从原理上来讲，如果与太阳相对的天空下雨，就会产生彩虹。所以，运用实时天气预报的降雨信息，提前了解**降雨云经过的时机**，仰望太阳相对的天空，看见彩虹的概率就会增大。

我们利用互联网可以查询气象雷达的降水量

预报[1]。大家可以根据自己的方法来查询天气情况。

如果想巧遇彩虹，请注意选择最佳时机——不要选择低气压天气或者大范围降雨的时候，而要选择夏季雷阵雨或冬季日本海附近下阵雨的时候，特别是在下**太阳雨**时，也就是指“短暂晴好但局部地区有雨”的天气。此时，正是巧遇彩虹的最佳时机。巧妙利用气象雷达的预报，看看你能否与彩虹有个美好的邂逅。

①登陆中国气象局·天气预报官网即可查阅天气实况，了解卫星云图、降水量、气温以及天气预报等信息。——编者注

小知识

在我工作的气象研究所，工作人员们总是寻找可能出现彩虹的时机聚集到天台上。雨快要停的时候，阳光逐渐增强，大家都预感到彩虹即将出现，于是，一场彩虹观赏会悄然开启。

25

有的彩虹不是七彩色

在人们的印象中，彩虹通常呈现的都是绚丽缤纷的七彩色，可是也有不是七彩色的彩虹。

有一种**红虹**，常见于日出之后或日落之前，是红色霞光照进空中的雨滴后产生的。一般情况下，由红色到紫色的七种颜色组成的太阳光照射到雨滴时，会被分解为七种单色光。而红虹本质上是由红色光组成的。

此外，还有**白虹**。普通的彩虹是由雨滴折射形成的，而白虹是由云滴或雾滴形成的，因此也称为云虹（cloudbow）、雾虹（fogbow）。云雾中的云滴或雾滴的大小比雨滴更加细小，所以光线在经过它们时会发生偏折迂回现象（**衍射**），各种颜色的光带混合在一起，从而呈现出白色。

红虹常出现在日出之后或日落之前下太阳雨的时候；白虹则常见于大雾消散后或者飞机进入云层时。和小伙伴一起去找找看吧！

清晨偶遇的亮丽的红虹。

小猫身后的天空中出现一道白虹（雾虹）。

这道白虹（云虹）是跳伞运动员在空中偶遇的。

小知识 在浓雾中，把汽车的前照大灯切换为远光模式，你可以背对着车灯观察自己的影子。此时，车灯是太阳，自己的影子是对日点，这样便可以看到白虹（第77页）。

*做这个实验时，需要有大人陪同。

即使天空不下雨也会出现的彩虹色

有时，天空即使不下雨，也会出现七彩光芒，这种现象曾引起人们的极大关注。其实，这是由冰晶云产生的晕或弧，是一种大气光学现象。

晕是以太阳为中心的光环。一般出现在手臂伸直朝向天空，距离太阳一个或两个手掌的位置（视角为22度、46度）。晕的彩虹色主要由于云层内六角柱状冰晶折射光线而形成。当冰晶的形状是扁平的锥形（即二十面体冰晶，第105页）时，视角为9度、18度、20度、23度、24度、35度就会出现非常罕见的晕（**金字塔形冰晶晕**）。

当冰晶的朝向杂乱无序、各不相同时生成的是晕，而当冰晶朝向有序可循时生成的彩虹色光称为**弧**。弧的种类有很多，其中有一种罕见的弧，它是与22度晕的外侧相接形成的椭圆形**外接晕**。如果天空出现薄云（卷层云），我们就有可能邂逅天空中的彩虹色。

空中飘散着薄云（卷层云）时看到的晕。一般出现在手臂伸直朝向天空，距离太阳一个手掌的位置。

我们常见的是22度晕，有时还能看到9度、18度、24度的金字塔形冰晶晕。

椭圆形的外接晕。

▼晕和弧的位置（示意图）

⬇晕和弧的形成位置与太阳的相对位置有关，所以如果你把手掌伸向天空并寻找对应位置的彩虹色，便会提高遇到它们的概率。

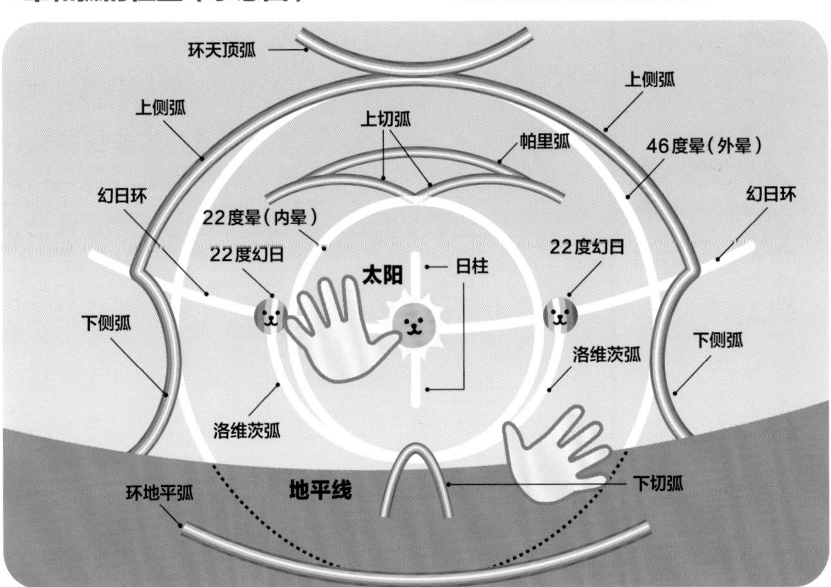

小知识　晕（halo）源于希腊语halos，意为“太阳或月亮的圆盘；太阳或月亮周围的光环”。后来引申为表示神圣人物或神灵画像中环绕在头部周围的光环。

27

罕见的倒挂彩虹和水平彩虹

悬挂在东京晴空塔上的**倒挂彩虹**。

冰云所形成的光弧，有些不仅具有彩虹般绚丽的色彩，而且还呈现出倒挂或横向延伸的彩虹色光芒。

环天顶弧也被称为**倒挂彩虹**，一般出现在太阳以上两个手掌的位置。全年中，当太阳的高度处于32度以下时，清晨或傍晚时分就能观测到这种彩虹。

横向延伸的彩虹是**环地平弧**，也被称为**水平彩虹**。它出现在太阳以下两个手掌的位置，一般

清晰可见的水平彩虹，极其罕见。

在太阳高度大于58度时产生。所以，春夏季节交替时的正午前后可以看到。

这些光弧都是阳光透过六角板状的冰晶时发生折射而形成的，因此呈现出缤纷亮丽的彩虹色。彩虹（主虹）的色彩排列顺序从外侧向内侧为由红色到紫色的排序，而晕和弧的主要特征是，靠近太阳一侧的颜色均呈红色。

不仅是薄云（卷层云），鱼鳞云（卷积云）的冰晶也能形成绚丽的彩虹色光弧。仔细观察弧产生的位置，我们一起来欣赏美丽的天空吧。

小知识 晕和弧经常被误认为是彩云（第72页）。彩云的彩虹色不规则，而晕和弧近太阳的一侧呈红色，颜色排列十分有规则，因此我们可以通过与太阳的位置及颜色的排列顺序等特征来进行区分。

酷似太阳，又不是太阳！美其名曰「幻日」

“有一种光，像太阳一样明亮耀眼！”你是否看到过这样的天空？它就是“虚幻的太阳”，通常被称为**幻日**。

幻日是弧的一种，云层中的冰晶使太阳光发生折射，形成艳丽炫目的彩虹色光斑。我们将手伸向天空时，在距太阳大约一个手掌的左右两个位置上会产生幻日现象。如果太阳高度大于61度就不会产生，所以除了正午前后的时段以外，清晨和傍晚时分最容易看到。

根据两只狼追赶太阳的北欧神话，这种自然现象有一个昵称叫作太阳狗（sundogs）。简单来说，幻日就是“彩虹色汪汪”。

当薄云（卷层云）遍布天空时比较容易产生这种幻日现象。特别是如果由鱼鳞云（卷积云）形成的冰晶悬浮在空中，或者冬天出现钻石尘时，你就有机会看到色彩斑斓的彩虹色幻日。

向天空伸直手臂张开手掌，可以看到幻日位于和太阳相隔一个手掌的位置。

非常形象的“彩虹色汪汪”——幻日（太阳的右侧）。

⬇寒冷的冬日，当出现钻石尘时也容易产生幻日。

出现在太阳两侧的幻日，同时可以观测到22度晕和幻日环。

小知识 幻日的颜色和彩虹一样，当太阳位置比较低的时候，由于太阳光的颜色变得像晚霞一样，所以产生的彩虹色会偏红。如果是多云天气，光线被散射重叠，就会形成看起来比较白的光，这种现象也容易被误认为是彩云。

29

美轮美奂的七彩祥云！

鱼鳞云中出现的大面积彩云。

利用建筑物遮挡住太阳，可以用肉眼清晰地看到彩虹色。

在种类繁多的云彩中，有一种美轮美奂的七彩祥云，我们通常称它为**彩云**，全名叫虹彩云。它也被称为瑞云、庆云或者景云，自古就被人们认为是天降祥瑞的吉兆。日本古代曾经把“庆云”（公元704~708年）和“神护景云”（公元767~770年）用作年号。

虽然彩云常常被认为是罕见的自然现象，但其实不论哪个季节、什么地方都可以出现。当太阳附近出现鱼鳞云（卷积云）、绵羊云（高积

云）或棉花云（积云）时，云层中的水滴使太阳光发生偏折扭曲，从而散发出美丽的七彩光芒，也就是我们看到的七彩祥云。一般来说，由于云层中的水滴大小不一，所以，彩虹色的排列顺序呈不规则状，这一点与晕和弧的色彩排序是不同的。当空中风力强劲时，形成荚状的鱼鳞云和绵羊云的水滴大小比较一致，此时便会形成大面积的七彩祥云，宛若天宫中仙女的霓裳般美丽。

观测彩云有一个技巧，可以利用建筑物遮挡住太阳，然后再注视太阳附近的云彩。这时要格外注意不要直视太阳。

小知识 当太阳视角在10度以下时，彩云容易出现在靠近太阳的天空。观测的技巧是当卷积云遮住部分阳光时，利用建筑物遮住太阳即可。可使用智能手机的光学变焦功能拍摄。

30

花粉飘散也会让天空出现彩虹色？！

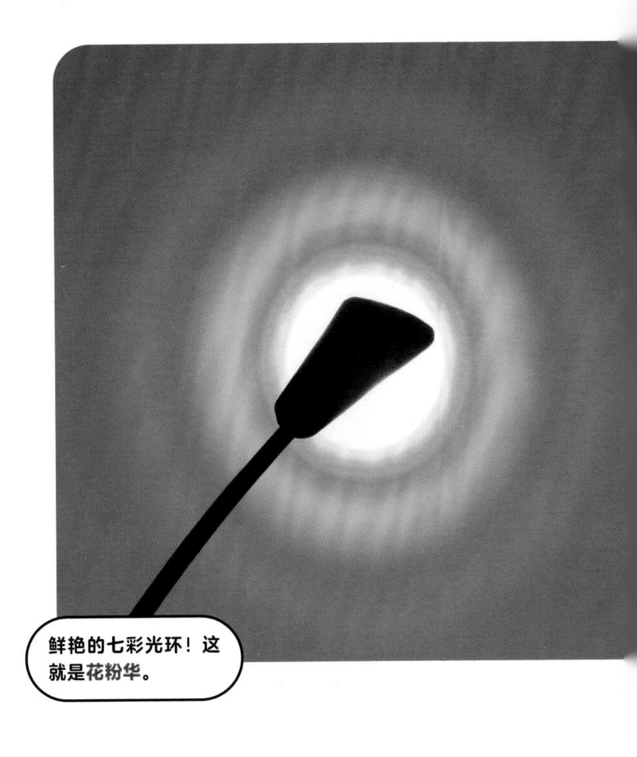

鲜艳的七彩光环！这就是**花粉华**。

春天，在日本是相遇与离别的季节。此时，樱花烂漫，许多同学或毕业或升学，将迎来人生的新篇章，憧憬着美好的未来。但与此同时，许多患有花粉过敏症（季节性变应性鼻炎）的同学也备受困扰。

一直以来，花粉总是背负污名，但它却在天空为我们描绘出七彩的**花粉华**。雨后放晴，强风劲吹之日，如果用街灯或建筑物遮挡住太阳，我们就能用肉眼看到环绕在太阳周围的一圈七彩光环。

华其实是天空出现鱼鳞云（卷积云）或绵羊云（高积云）时，以太阳为中心组成的七色光环。华的构造原理与彩云相同——云层由大小相近的水滴组成，而且从内侧到外侧的颜色也同样是由紫色到红色，有序排列。因为杉树的花粉颗粒形状近似圆球形，与组成云的冰晶大小相似，所以才会像云那样，形成光环。

如果你看到花粉华，就证明空气中弥漫着大量花粉。患有花粉过敏症的同学一定要注意这种现象！

小知识　华或者花粉华的光学现象在月光中也能看到。夜晚，在月亮周围出现的光环被称为月华、花粉月华。由于月光比较弱，我们可以举目用肉眼直接观测。花粉飘散时期，接近满月的日子就是观测月华的绝好机会。

难道是妖怪在搞鬼？「彩虹影子」的真面目

这是有人曾经在登山时遭遇的怪事。当时，天空突然间乌云密布，周围一片昏暗，当他转身向后看时，发现身后有一个披着彩虹色光的影子，好像有大妖怪出没！

这样的影子在德国的布罗肯山脉经常出现，以前，人们总把它误认为是“布罗肯的妖怪”，但现在这种影子和彩虹光芒相结合的现象被称为**布罗肯现象**。彩虹色光在气象学中的名称为**光环**（glory）。

当人背对太阳且眼前云雾弥漫，云雾中的水滴将太阳光分成彩虹色（衍射），同时，以自己的影子为中心形成一圈彩虹光环。光环的颜色排列与华的现象一样，从内侧向外侧的变化为由紫色到红色，按照这个顺序反复如此，便可出现多重光环。

布罗肯现象有时在飞机上也能看到，当你的座位位于太阳的相对一侧，透过舷窗向外看去，就能看到飞机的影子映射在棉花云（积云）或阴云（层积云）、绵羊云（高积云）之类的由水滴形成的云彩上。有机会去看看从影子中渗透出来的彩虹光吧！

在山上看到的自己影子周围出现的布罗肯现象。

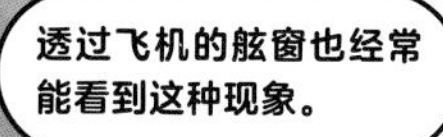

透过飞机的舷窗也经常能看到这种现象。

➡汽车灯前出现的布罗肯现象和白虹（第64页）。雨后的夜间及晴朗的清晨较容易出现浓雾（第53页），此时便可注意观察。

小知识 当我们乘飞机时，如果坐在靠窗的座位上便可以愉快地欣赏各种风景。不仅能看到布罗肯现象，而且还能从不同的角度欣赏各种彩虹现象和云朵。大家可以选择靠窗的座位尝试一下。

32

天空的蓝色是太阳光散射造成的

天空是一望无际的蓝色。每当我们抬头仰望蓝色的天空，总会感到心旷神怡。但是，天空为什么是蓝色的呢？

我们从太阳接收到的光线中，人眼所能看到的是从紫色到红色的可见光。太阳光到达地面的过程中，可见光穿过大气层时，与空气分子（极小的微粒）和悬浮微粒相撞，紫色或蓝色等波长较短的光线，具有容易向四面八方发散（**瑞利散射**）的特性。由于紫色光在高空容易被散射开，因此，我们在地面很难用肉眼看到它，而其次的蓝光则更容易在天空广泛散射。这就是我们看到的天空呈现蓝色的原因。

顺便要说的是，由于低空中存在大量水蒸气和微尘，其他颜色的光线也会被散射，相互交错混合形成泛白色。在靠近太阳一侧的天空，因光线较强，与其他颜色重叠便呈现出泛白色；而在太阳相对方向的天空，则呈现深蓝色。看来在一望无际的蓝天上，由于高度和方向的不同，会出现微妙的变化，这又是一个十分有趣的现象。

如果仔细观察，你会发现常见的蓝天上，低空部分呈泛白色。

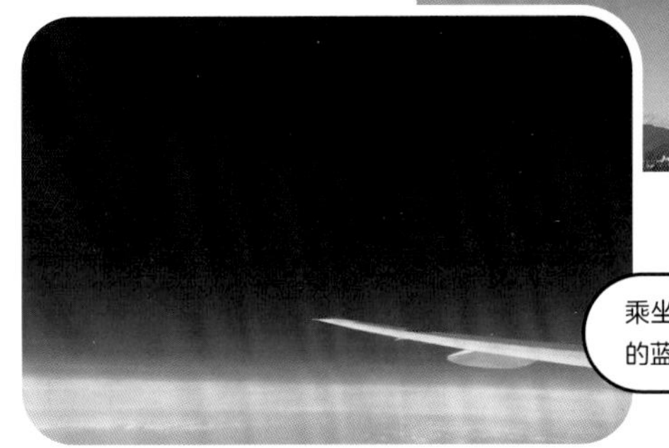

乘坐飞机在高空可以观察到深邃的蓝色天空。

天空呈蓝色的原因

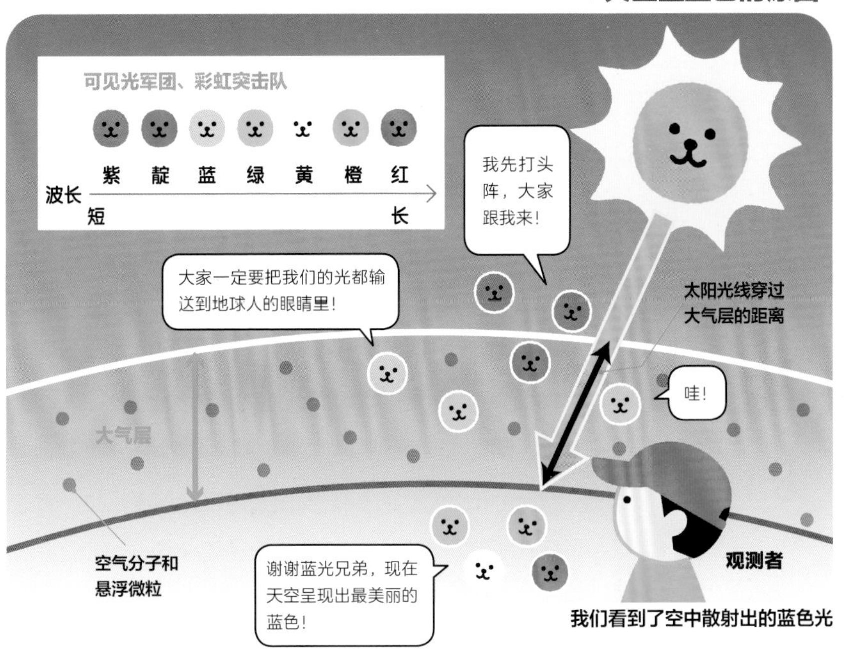

小知识 乘坐飞机在高空飞行，可以观察到云层之上的蓝天呈现的是深蓝色。这是因为高空只有极少的水蒸气和悬浮微粒，仅蓝色光被空气分子散射。

朝霞和晚霞的红色是千帆过尽后幸存的颜色

太阳落山的傍晚时分，恰好是蓝色天空逐渐转变成暖色调的时间段，天空仿佛羞红了脸庞……为什么在日落和日出时天空会呈现红色呢？下面就来揭晓这个谜团。

白天，太阳处于较高的位置时，蓝色光在空中被分散到四面八方（**瑞利散射**），使天空呈现出蓝色（第78页）。清晨和傍晚时分，太阳处于较低的位置，阳光穿过地球大气层的距离要比白天长。这意味着可见光也更多地受到瑞利散射的影响，因此，除了蓝色以外，其他颜色的光也会被散射，只有不易被散射的红色光幸存下来，到达我们身边。这就是日出和日落时红霞漫天的原因。

可见光包含各种不同的颜色。在清晨和傍晚，红色光穿越大气层经历了壮美的散射过程，最终绽放出美丽的红霞。这样想来，你是否觉得火红的天空是那么可爱呢！

➡**朝霞不出门，晚霞行千里**是一句民间谚语。天气变化总是自西向东。当低气压从西边接近时，西边的云层逐渐变厚、水汽充足，预示着要变天了（第126页）。在这种情况下，早晨的朝霞意味着东边天空是晴朗的，西边有可能会下雨；而傍晚的晚霞则意味着西边的天空可能是晴朗的，预示着第二天将放晴。然而，实际情况并非总是如此，所以，如果你比较担心天气变化，最好还是查看天气预报吧。

▼红霞漫天的原因

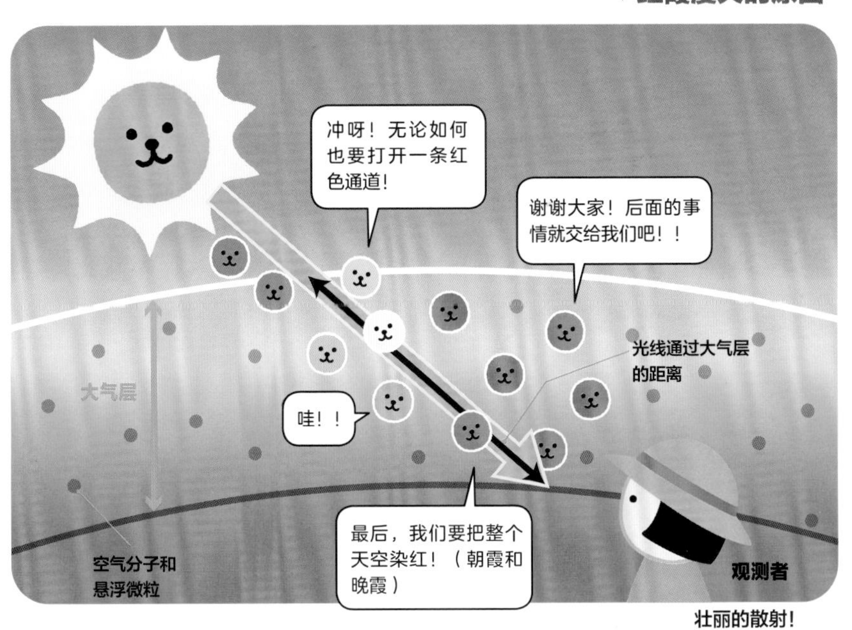

壮丽的散射！

小知识 红色光具有不易散射、传播更远的特征。所以，交通信号灯的停止信号选用的是红色。红灯在预防交通事故方面起着非常重要的作用。

最美的彩霞出现在日出前和日落后的天空

遇见美丽的彩霞是有窍门的。出现最美彩霞的天空一般在日出前和日落后的时光。

在太阳光穿过大气层的过程中，保留了红色光的瑞利散射会随着距离的增加而变得更强（第80页）。这个距离最长的时间点，并不是我们直接能看到的日出和日落时刻，而是太阳在地平线以下时，阳光散射到高空云层后，我们从云层接收到光线的时刻，即日出前和日落后。因此，在这段时间，如果天空中飘散着云彩，往往会映衬出美丽的红色霞光。

日出和日落的时间随着地区和季节而不同。比如，我们可以通过互联网检索“某地 日落 时间”等关键词，很快就能了解。如果在检索词中输入日期，还可以查询当天的日出和日落时间。等确认时间后，就可以在日出前早起欣赏朝霞，日落后眺望美丽的晚霞。

高空中飘着朵朵云彩，就会出现红霞漫天的美景。

每当看到美丽的彩霞，总会令人情不自禁地注目眺望。

云彩染成了粉红色。晚霞和夜色交织在一起。

当夜幕降临，色彩缤纷的天空宛如一幅充满幻想的风景画。

⬆某日傍晚，不断变换表情的天空。夕阳西下时分，云彩映照出金黄色，渐渐转变为红色，仅仅十分钟后便染成了深红色。

小知识 即使是阴天，如果靠近太阳的低空是晴好天气，高空中的云彩也会映照出彩霞。而且，如果低空云彩飘漫天，在其之上的云彩会披上彩霞，它们与夜色交织在一起染成粉红色。

35

装点天空的「魔法时刻」一天有两次！

梦幻般的**魔法时刻**（magic hour），意味着在此时此刻，谁都可以用镜头捕捉到天空的迷人景色。这样的时机一天会有两次呈现在我们面前，也就是日出之前或日落之后的时间。这段时间也称为**曙暮光**。如果是万里无云的晴朗天气，我们就能看到昼夜轮转之间，装点天空的渐变色彩；如果天空飘散着朵朵云彩，还能欣赏彩霞漫天的美景。魔法时刻也称为**黄金时刻**（golden hour）。

日出前后的这段魔法时刻，我们平时比较习惯关注太阳一侧天空的色彩变化，其实，由于太阳还隐藏在地平线以下，与太阳相对一侧的低空是可以看到深蓝色的地球影子（**地球阴影**）的。而且，在地球影子的上方，还能观测到称为**维纳斯带**（Belt of Venus）的玫瑰色天空。

全年中只要是晴空万里，不分季节，一天当中都有两次机会让我们欣赏到魔法时刻的景观。记得查询日出和日落的时间，尽情欣赏美丽梦幻的天空。

天空的景色正如魔法般变幻无穷！

魔法时刻的这段时间，天空随着时间的推移呈现出丰富的表情。

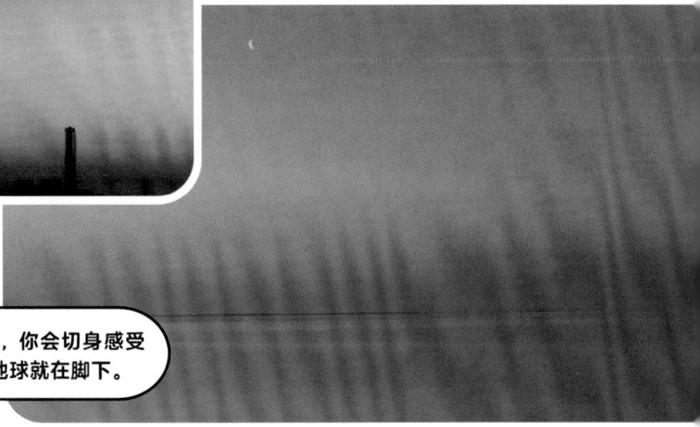

当看到地球阴影和维纳斯带时，你会切身感受到自己此刻正身处大地之上，地球就在脚下。

小知识 早上的魔法时刻还称为拂晓、东云、曙光；傍晚的魔法时刻还称为黄昏、暮光等。日本平安时期的女作家清少纳言创作的随笔集《枕草子》中，开篇第一句是“春为曙”，这里描写的就是拂晓的魔法时刻。

36 世界被渲染成群青色的「蓝调时刻」究竟是什么？

此刻专属群青时间。

白天，天空的蓝色是一种明亮、令人心情愉悦的色调。而有时候，我们眼前的广袤世界也会沉浸在一种温馨的群青色之中。此时，这种天空的蓝色也称为**蓝调时刻**（blue moment）。

在日出之前与日落之后的曙暮光阶段，蓝调时刻往往只在天空还未露出霞光的短暂时刻出现。傍晚的天空变化多端——日落时分万道霞光灿烂；日落之后则染成魔法时刻的渐变色或者

漫天火烧云。而蓝调时刻正是在此之后登场。无论是万里无云的晴朗天气，还是浮云淡薄，天空和街道都会在此刻渲染成独特的群青色。这段时间还称为**蓝色时刻**（blue hour）。此时的色调就是高空中散射出的蓝色光与暗淡的夜色交织在一起生成的。

这个时间段的群青色瞬息万变，仅数分钟，蓝色的深浅变化都大不相同。世界被渲染成这样的蓝调时刻，一天当中我们也会有两次机会遇见。这一点与曙暮光相同。

小知识 拍摄蓝调时刻的群青色天空，在魔法时刻的时间段，须朝向与太阳相对一侧的天空，这是关键。而且还要注意不要让街灯的光线进入镜头，这样就能拍摄到饱和度较高的静谧之蓝。

暗红色的太阳是空气污染的证据

这是鲑鱼子的颗粒吗？
不是，是太阳！

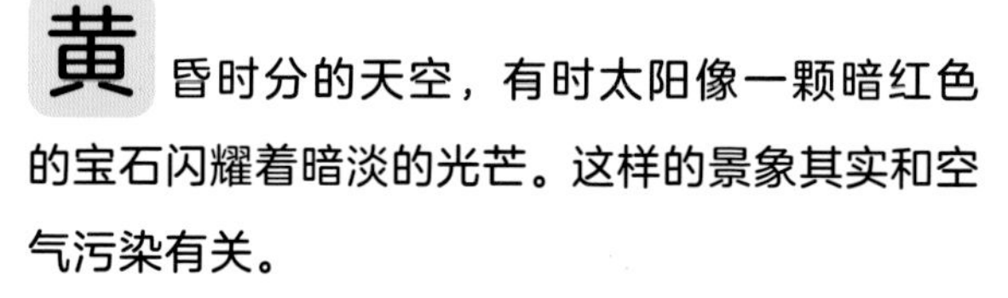

➡如果清晨和傍晚时分，地平线附近的低空呈现为暗灰色，大多为空气污染的表现。此时我们就能看到暗红色的太阳。

黄昏时分的天空，有时太阳像一颗暗红色的宝石闪耀着暗淡的光芒。这样的景象其实和空气污染有关。

当大气中飘浮着大量肉眼无法察觉到的悬浮微粒（气溶胶颗粒），天空受到污染时，太阳照射到地球的光线受到瑞利散射的影响会更加强烈。所以，导致将要沉入地平线之下的太阳光呈现出像鲑鱼子一样的橙红色；靠近地平线上方的低空处也因为光线散射呈现为暗灰色。我们直接能接收到的太阳光则只剩下红色。因此，如果空气中弥漫着污染物质，低空的太阳就会变成暗红色。

小知识 空气中的悬浮微粒有很多种类，比如花粉、沙尘、烟尘等。日出和日落时分，如果太阳附近的低空颜色暗淡，就说明空气中弥漫着许多悬浮微粒。此时便能遇见暗红色的太阳。

只要天气晴朗随时都能看到红月亮

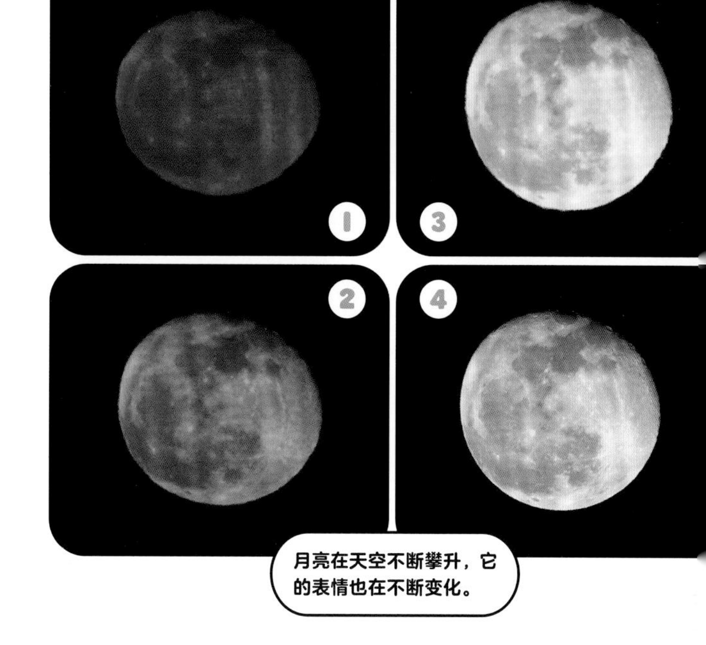

月亮在天空不断攀升，它的表情也在不断变化。

也许有人会认为红月亮的出现是不祥之兆，为此而惶恐不安。其实，位于地平线附近低空中的月亮，只要是晴空万里，随时都会变成红色。

月亮在低空中变成红色，与朝霞、晚霞呈现红色的原理相同。由于大气层的瑞利散射，导致月亮散发出的光只剩下红色光。当月亮从地平线升上夜空后立刻呈现出红色，然后，随着不断攀升，逐渐由橙色变为黄色，最后变成白色。如果天空中有大量悬浮微粒，那么，低空中的月亮就会和太阳一样呈现出深红色。月亮就像被施了魔法一样变换着不同的表情。

小知识 你可以利用互联网检索，比如输入关键词“北京 月出 时间”，就能知晓月出和月落的时间。如果时机恰当，就能在晴朗的夜晚欣赏到位于低空的红月亮。

39

如诗如画的「天使之梯」经常能遇见？！

阴云密布的天气，会令人心情沉闷……不过此时，我们也能邂逅迷人的景色。那就是**天使之梯**。

所谓的天使之梯，就是透过云雾的缝隙射向地面的阳光。这种现象被称为**云隙光**。当阳光照射到空中的悬浮微粒时，我们可以观察到光的路径，这是一种丁达尔现象。云隙光就是丁达尔现象引起的。特别是阴云（层积云）或者绵羊云（高积云）遍布天空时，透过云层的缝隙，我们就有机会遇见天使之梯。

天使之梯源自圣经典故。在旧约《创世记》中，有一个名叫雅各的人，他在梦中梦见一个梯子直耸云霄，梯子上有众天使上下来往。所以，天使之梯也被称为**雅各的天梯**。而且，自从荷兰画家伦勃朗把这种现象运用到绘画技法之后，也称为**伦勃朗光线**。

当天空悬挂着天使之梯时，即使是平时习以为常的景色，也瞬间能让我们感受到它的神秘和高远。清晨和傍晚时分，比较容易看到天使之梯，特别是阴天，正是按下快门捕捉这美景的好时机。

小知识 天使之梯的颜色根据不同的时间段而有所变化。临近日出和日落的时候暖色系偏强，太阳逐渐升高的清晨和傍晚呈黄金色，临近中午则偏白色。

积雨云撕裂天空的瞬间

云层的阴影扩散到天空，好像天空被撕裂。

云隙光形成的五彩斑斓的夕阳。在西边的天空，如果积雨云十分活跃便有可能遇到这样的美景。

夏日傍晚的天空，有时明暗对比格外分明，好像天空被分割成两个不同的区域。这是因为，明亮的部分是处于高空的积雨云形成的**云隙光**，黑暗的部分则是云层投射出来的影子。

夏日的午后，距离海洋较远的内陆地区比较容易形成积雨云，特别是在靠近太平洋区域的西侧天空经常出现较高的云层。当太阳从较高云层的背后落下时，云隙光便会洒向天空。因此，没

反云隙光好像把天空分割开，梦幻般的景色。

与太阳恰好相对方向的对日点上汇集的**反云隙光**，光与影的交错。

当西边的天空积雨云发展迅速，产生云隙光与反云隙光时，用智能手机的全景功能拍摄的画面，东→南→西的天空。我们可以清晰地看到光与影连接的部分。

有被云层遮住光线的明亮部分和云层的阴影部分，这两者之间形成的边界展现在天空，看起来就好像天空被撕裂似的。这就是一种被称为“天裂”的现象。

此时，我们不仅要关注太阳一侧的天空，也要看看相对一侧的天空。太阳一侧产生的光影界限延伸到与太阳相对一侧的天空时，就会聚集在与太阳相对的对日点（**反云隙光**）。简直就像绘画作品中的世界，光与影形成的魔幻景色。请各位一定要关注啊！

小知识 天气晴朗的白天，积雨云浮现在天空，太阳被云层遮住，此时，我们可以观测到云隙光和云的阴影，呈放射状延伸。天空看起来好像一只从口中喷射出强烈光线的大怪物，真可谓是变幻莫测的天空。

太阳并不总是圆形，有时是椭圆形或方形

日出时分，从地平线升起的太阳有时看上去并不是我们熟悉的圆形，而是十分有趣的形状。这种现象的原理同**海市蜃楼**是一样的。

海市蜃楼现象是当温度不同的大气层上下层叠时，因光线发生弯曲（折射）而形成的。一般冷空气和暖空气相比，冷空气具有能使光线产生更大弯曲的性质。如果地面附近寒冷，而且冷空气之上叠加有温暖的空气层，光线就会向下弯曲，远处的景物看起来会向上抬升浮动（**上现蜃景**）。此时，太阳呈现的就是椭圆形或方形。相反，如果下层是暖空气而上层是冷空气，光线就会向上弯曲，远处的景物看起来向下延伸（**下现蜃景**），太阳呈现出好像葡萄酒杯或者不倒翁的形状。

椭圆形或方形太阳一般在天气晴朗且寒冷的冬日清晨容易观测到。如果想遇见好像葡萄酒杯或者不倒翁形状的太阳，温暖的海面上空汇入冷空气时是绝好时机。希望你能遇见形状各异的太阳。

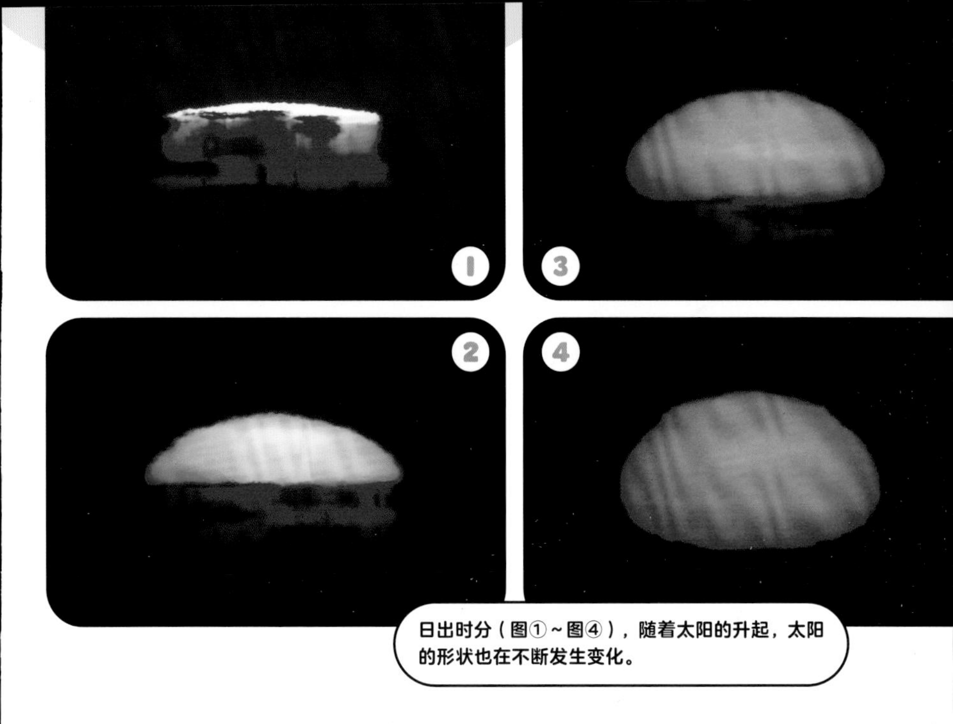

日出时分（图①～图④），随着太阳的升起，太阳的形状也在不断发生变化。

▼景物看似向上抬升的原理

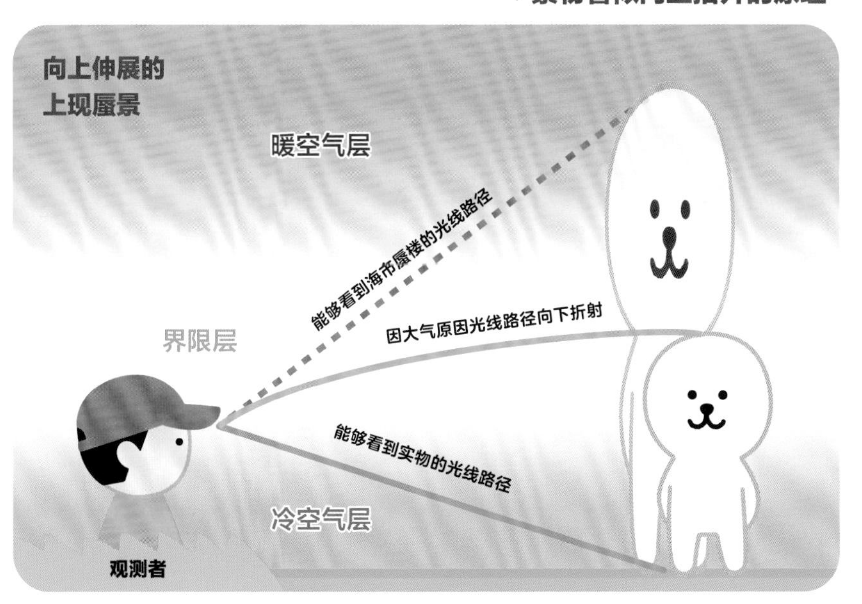

小知识 光线的折射率因空气温度不同而产生变化。因此，蜡烛燃烧时，火焰上方的局部空气温度变化较大，景物看起来也会浮动（阳炎/纹影成像）。

难道这也是海市蜃楼?!在道路上看到的「路面蜃景」

人们一般会认为海市蜃楼是一种特别的自然景观，只有在特定的地方才能看到。的确有些罕见的海市蜃楼需要特定的季节或场所，不过，有时这种现象就发生在我们身边。

那就是我们在道路上经常能遇到的**路面蜃景**。天气炎热的中午时分，道路表面受到太阳光的直射，地表温度很高，使得与道路相接的空气也处于高温状态，与其上方的空气形成温度差，远处的景物就会发生向下变化的**下现蜃景**现象。笔直的道路上，前方看起来好像有一汪水，这就是路面蜃景，这是由道路之上的风景向下反转形成的。无论你怎样追赶都不可能到达那汪水的地方。下现蜃景现象有时也发生在海上，海面看似浮现出一座小岛，于是也称为**浮岛现象**。

出现路面蜃景，证明道路表面以及附近的空气温度较高。同时，我们也可以从另一方面了解海市蜃楼周围的大气状态。

映照在路面蜃景中的樱花，
花瓣看似漂浮在水面。

▼ 景物看似向下反转的原理

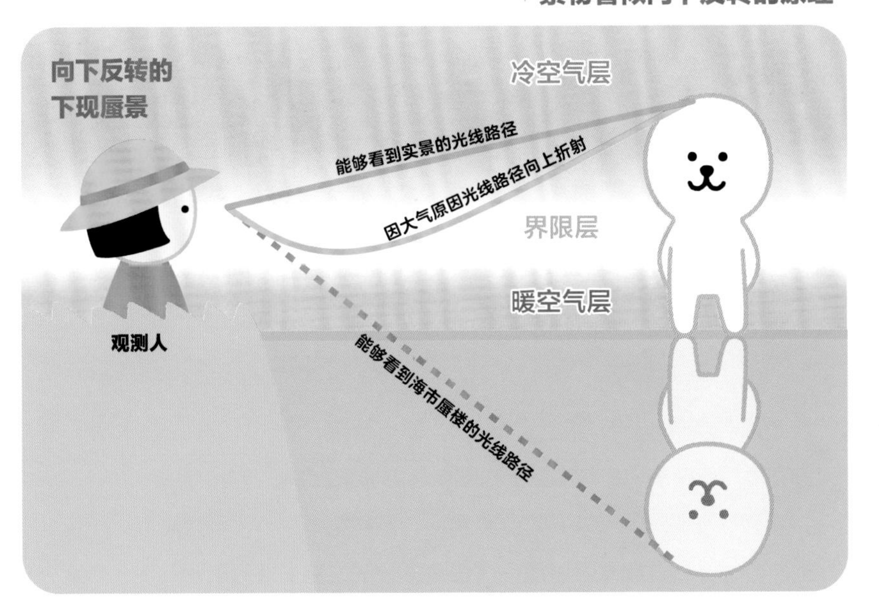

小知识 炎热夏季的白昼，沥青马路的表面温度有时高达60摄氏度，所以，稍微接触到地面，就会有被灼伤的危险。特别是气温超过35摄氏度的天气，一定注意不要用手接触地面！

趣味知识 2

世界第一简单的彩虹制造法

洒水就能制造出彩虹。

天气晴朗的日子，如果找到喷泉就不妨寻找一下彩虹吧。

“我想看彩虹，但总是错过好时机，很少能看到。”的确，我们能目睹到彩虹的机会并不多。在此，给各位介绍一个制造彩虹的方法。

彩虹并不是没有雨滴就不会出现。在太阳的相对方向，只要飘浮着水珠，它就会显现。有事实为证，选择一个晴天，我们把水管里的水向空中喷洒，水散发成雾状时，朝着有自己影子的方向喷洒，便能轻松制造出彩虹。如果站在高一点的台阶上喷洒水，就可以制造出一个完整的圆形彩虹（第58页），而且，主虹外加副虹也可以轻松实现。

如果是晴好天气，我们在公园的喷泉附近也可以看到彩虹。此时，你需要背对太阳，站在太阳和自己以及喷泉形成一条直线的地方。另外，我们在雨后带有水珠的蜘蛛网上也可以看到彩虹。

悬挂在雨后天空的彩虹分外美丽。当你在不经意间偶遇彩虹，一定会感到心情愉悦。如果想满足尽快看到彩虹的愿望，那就自己动手，或者去有喷泉的地方寻找吧。

3

神奇的气象的故事

气象指的是包括天空、云彩的状态，从天空降落的雨、雪，
以及低气压和整个地球的天空等各种各样的大气现象。
本章将介绍雨雪、暴雨和台风、全球气候变暖等
各种神奇的气象的故事。

雨滴头部不是尖的

说到雨滴，我们脑海中可能会出现一个头部（上部）尖尖的“水滴”形状。在一些卡通场景中就能看到这样的雨滴状。还有很多人在描绘下雨场景时也会把雨滴画成上部尖下部圆的样子。不过，从天空降下来的雨滴，它的头部**一点也不尖**。

在雨云中有许多大小不一的雨滴。雨滴的大小不同重量也不同，所以它们从天空降落下来的速度也不同（20～30千米/时）。于是，雨滴们在相互碰撞、相互粘连中越来越大，成长到一定程度的雨滴在下降时，受到撞击它们的空气的挤压（**空气阻力**），就会变成像馒头一样的形状。雨滴即使想成为上尖下圆的水滴状也无法实现。

壮大的雨滴们不敌空气阻力的影响，被分散开，然后再手拉手联合起来，一起降落到地面。各位不妨在下雨天想象一下雨滴们在天空展开的冒险历程。

雨滴的“理想与现实”

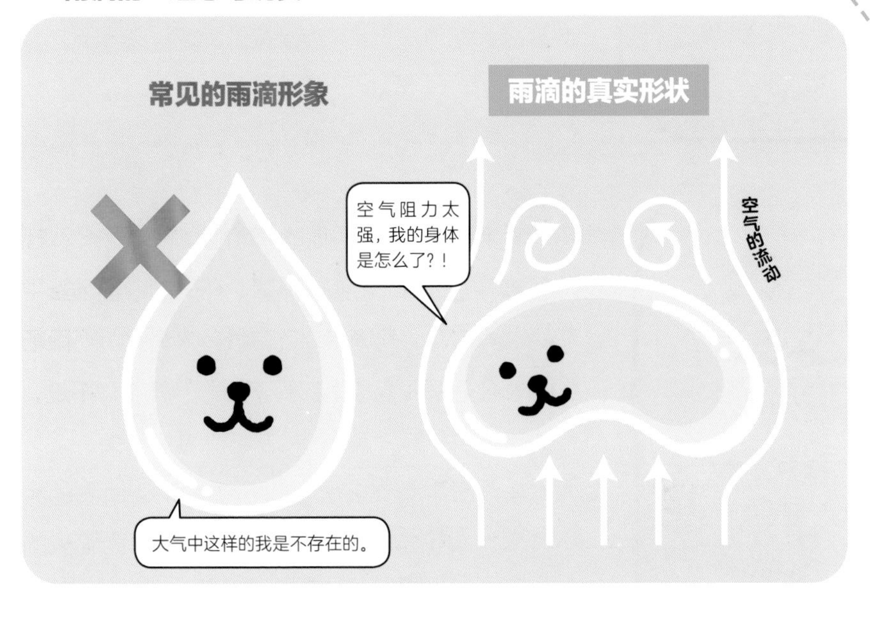

小知识 下雨天，我们观察水洼时会发现雨滴落在水面上呈现皇冠似的形状，然后水珠四溅。小小的雨滴具有紧缩表面的特性（表面张力），所以我们也能看到水滴在水面上不停打转的现象。

天空飘落的雪花和冰晶多达121种！

说到冬季天空飘落下来的雪花，也许你会联想到常出现在彩灯图案上的六角形并带有六个分枝的形状。但实际上，**雪花结晶**拥有丰富多彩的形态。

雪花和冰晶，包括雨雪混合的雨夹雪、冰雹在内，共有**121种**(雪晶、冰晶、固态降水的全球分类)。雪花结晶最初都是微小的六角柱状，它的变化是根据云层中的温度，或纵向或横向发展，而成长到多大程度，要根据水蒸气的含量来决定。通过观察飘落到地面的雪花，我们就能了解到天空的状况。所以，日本物理学家中谷宇吉郎博士曾经说过——**雪花是天空的来信。**

典型的树枝状雪花结晶固然十分美丽，但子弹形状和乐器鼓形状的结晶也非常可爱。请在第104页至第105页的图示中找到你最喜欢的结晶吧。

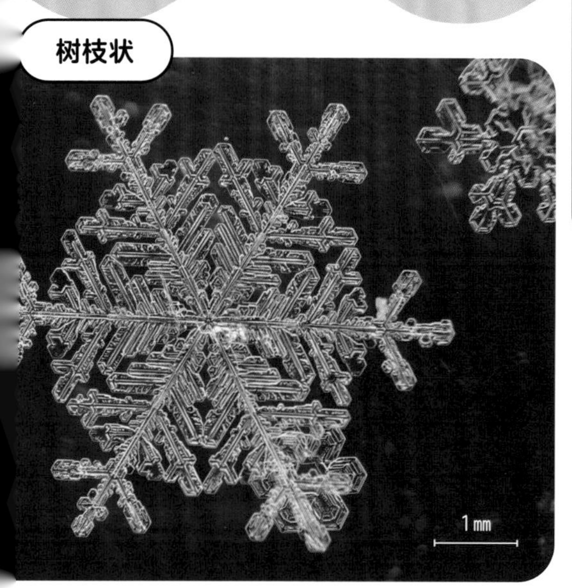

⬆非常湿润的雪云中成长的大型结晶。

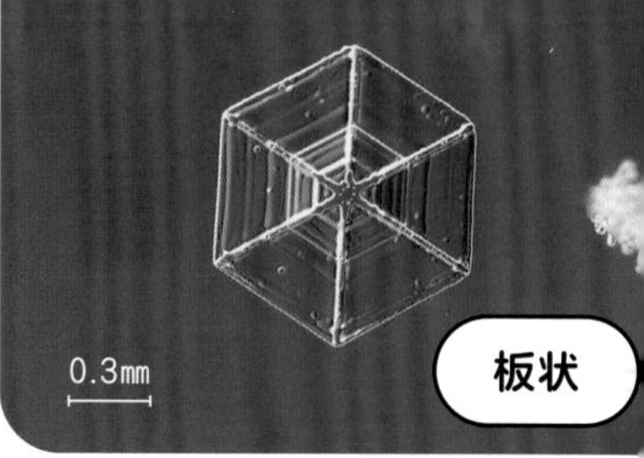

⬆温度即使与树枝状相同，也能在水蒸气含量不多的雪云中成长。

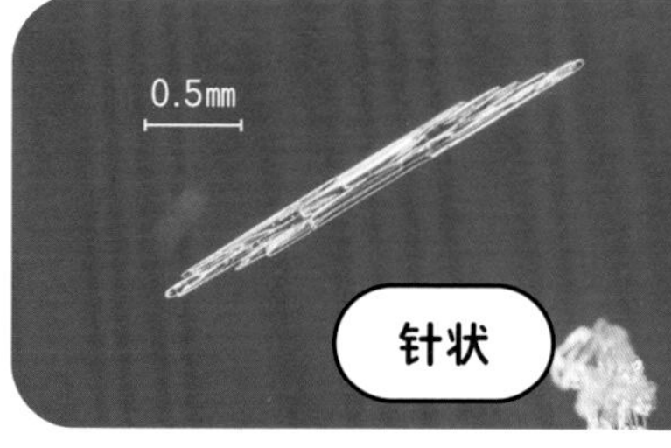

⬆在温度较高且湿润的雪云中成长的针状结晶。

▼雪花结晶的形状与气温・水蒸气含量的关系（小林图表）

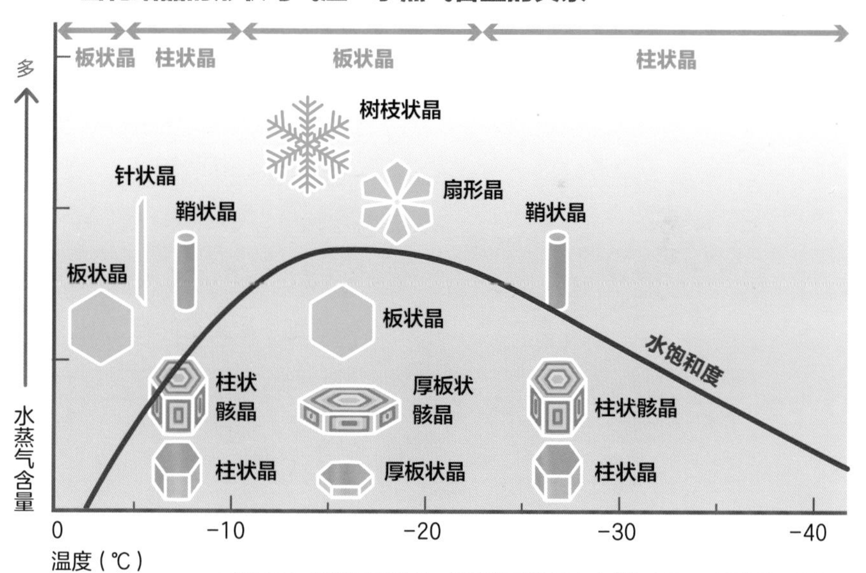

⬆在雪云中成长的雪花结晶，根据雪云的温度和水蒸气含量，形成柱状、针状、板状和树枝状等形状各异的结晶。

小知识 俗语道“如果向水许愿就能改变结晶的形状”，但并没有任何科学依据。网络世界流传着许多毫无科学根据的错误信息，务必要核实确认。

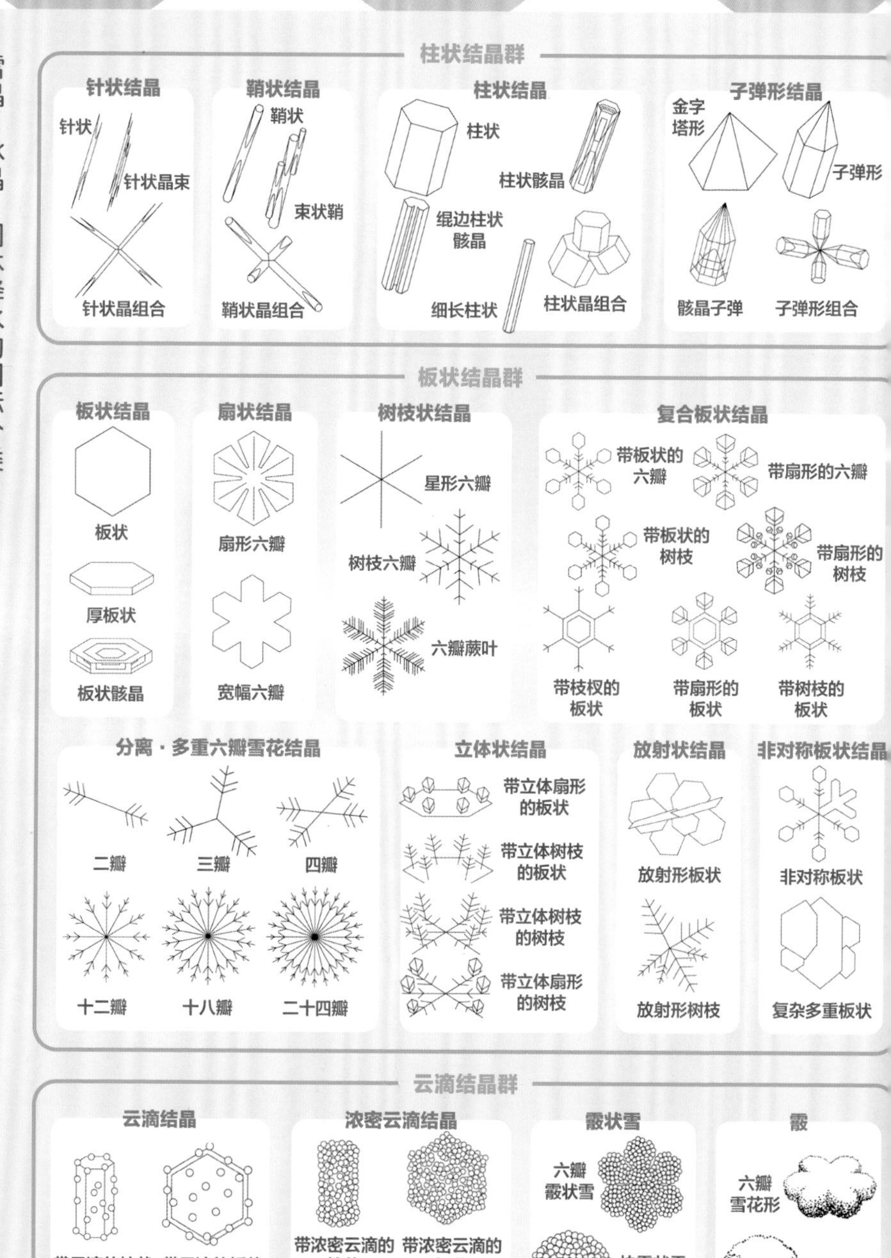
柱状结晶群
针状结晶
针状
针状晶束
针状晶组合
鞘状结晶
鞘状
束状鞘
鞘状晶组合
柱状结晶
柱状
柱状骸晶
绲边柱状
骸晶
细长柱状
柱状晶组合
子弹形结晶
金字
塔形
子弹形
骸晶子弹
子弹形组合
板状结晶群
板状结晶
板状
厚板状
板状骸晶
扇状结晶
扇形六瓣
宽幅六瓣
树枝状结晶
星形六瓣
树枝六瓣
六瓣蕨叶
复合板状结晶
带板状的
六瓣
带扇形的六瓣
带板状的
树枝
带扇形的
树枝
带枝杈的
板状
带扇形的
板状
带树枝的
板状
分离·多重六瓣雪花结晶
二瓣
三瓣
四瓣
十二瓣
十八瓣
二十四瓣
立体状结晶
带立体扇形
的板状
带立体树枝
的板状
带立体树枝
的树枝
带立体扇形
的树枝
放射状结晶
放射形板状
放射形树枝
非对称板状结晶
非对称板状
复杂多重板状

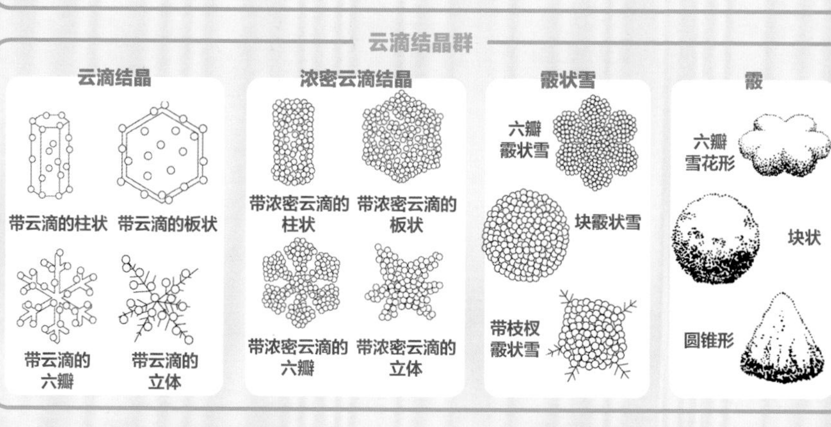
云滴结晶群
云滴结晶
带云滴的柱状
带云滴的板状
带云滴的
六瓣
带云滴的
立体
浓密云滴结晶
带浓密云滴的
柱状
带浓密云滴的
板状
带浓密云滴的
六瓣
带浓密云滴的
立体
霰状雪
六瓣
霰状雪
块霰状雪
带枝杈
霰状雪
霰
六瓣
雪花形
块状
圆锥形

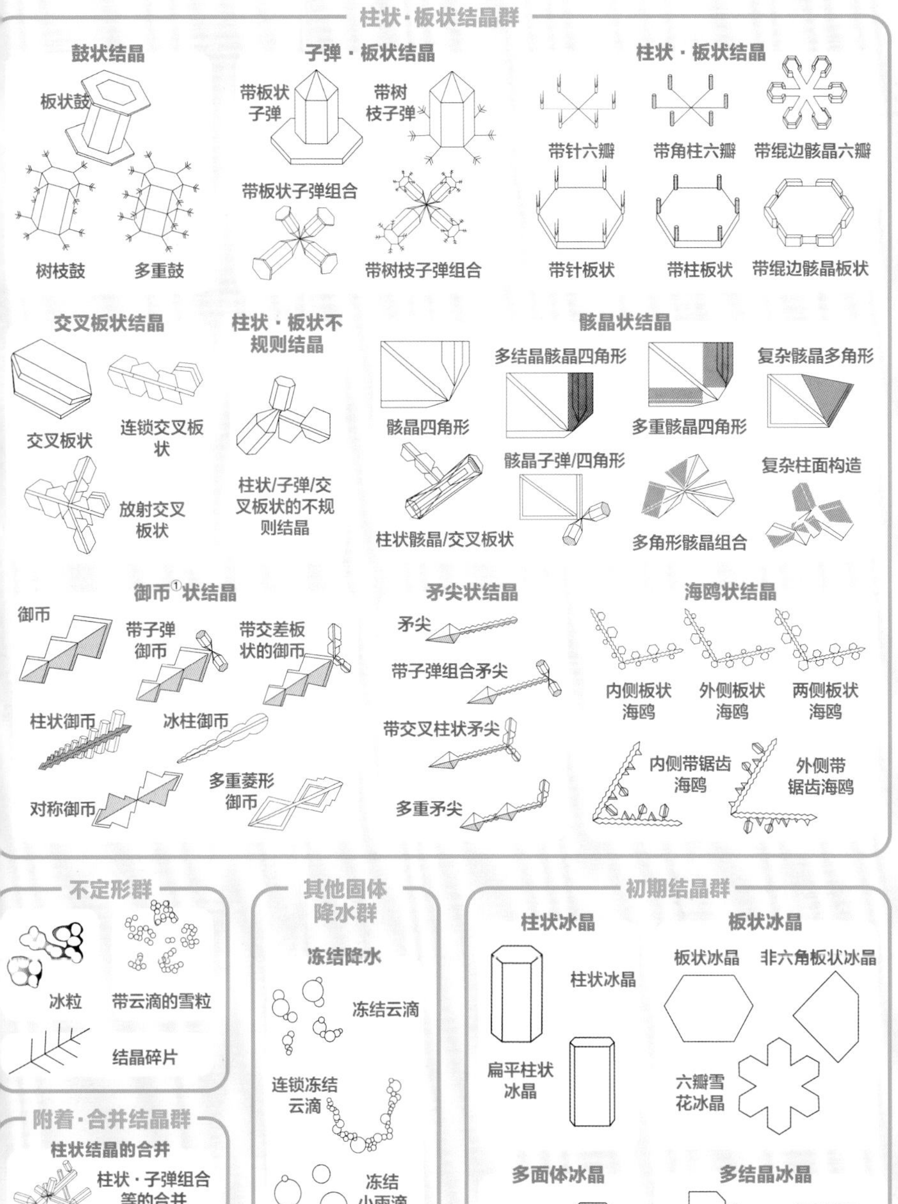

①御币是日本用来供奉神明的祭祀用品，用纸或布条折叠成若干“之”字形穿成。——编者注

45 雪花结晶可以用智能手机完美拍摄

我们一般会认为：雪花的结晶很小，不用显微镜之类的专用仪器就看不到！其实并没有那么复杂。结晶的形状用肉眼就可以看到，而且**用智能手机就能拍摄**它的形态。

想要拍摄到从天空飘落下来的雪花结晶，绝佳时机就是**雪花刚落到地面后**立刻按下快门。聚集成树枝状的、六角形板状的、针状的、柱状的结晶，肉眼也可以清晰地看到它们的形状。如果用蓝色或者黑色等深颜色的布接住雪花，就更容易辨认出结晶的形状。

猜猜看

用手机的微距镜头拍摄的雪花结晶。你能否说出图片中结晶的名称？请对照国际分类（第104页至第105页，答案在第171页）。

用智能手机拍摄雪花结晶时，可以把镜头放到距离结晶大约10厘米的位置，这样拍出来的照片不会模糊不清。如果想获得更加高清的照片，建议使用**手机专用的微距镜头**。微距镜头只需要几厘米的距离聚焦雪花结晶，就能拍出漂亮的结晶特写镜头。此时，一个预防聚焦模糊的好方法是，需要把手腕固定在地面。飘雪的冬日，做好防寒保暖措施，去户外观察雪花结晶吧！

正在拍摄雪花结晶。

小知识 日本气象研究所曾向普通民众募集雪花结晶的照片（东京地区雪花结晶项目）。通过雪花结晶调查云层的状态，从而提高降雪预报的精准度。

夏天的降雨几乎都是融化后的雪

炎热的夏季，瓢泼大雨突然从天而降，无数雨滴在地面尽情舞动，就像一首夏日的风物诗。日本的降雨大部分都是**高空的雪融化后形成的**，这种盛夏的雨水也不例外。

积雨云和雨层云是典型的降雨云。这些云的云层较厚，在高空中，即使是夏天，它们的温度也低于0摄氏度。以积雨云为例，让我们一起来看看在云层中会发生些什么？首先，通过上升气流升到高空的云滴会冻结成冰晶，它们吸收水蒸气作为养分，使身体的体积越来越庞大，结果由于自身的重量而下沉，以雪或霰的形态降落。越接近地面气温越高，当气温高于0摄氏度时，雪或霰便会融化成雨。如果地面正值寒冷的冬日，它们便会直接以雪花的形式飘落下来。

也就是说，从天而降的雨滴们，在云层中经历了波澜万丈的旅程才到达地面。在它们被蒸发成水蒸气后，又将开启新一轮的天空之旅。

云层中发生着这样复杂的变化

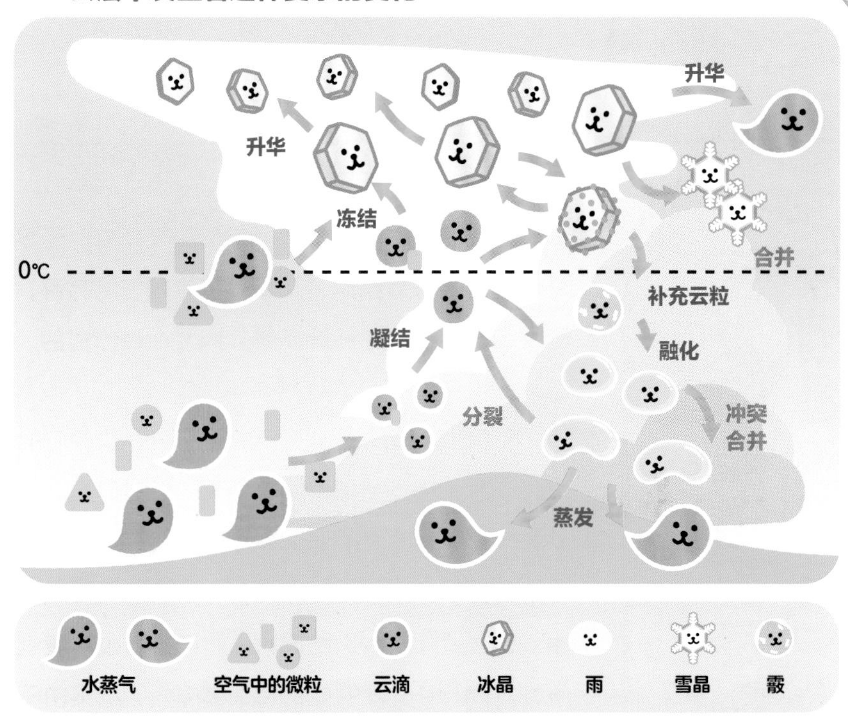

夏日天空的降雨是由高空生成的雪或霰融化而成的。

小知识 高空的雪融化后是否能变成雨，是由地表附近的气温和湿度决定的。气温即使在0摄氏度以上，如果空气中的湿度低，相对比较干燥，也会降雪。这是因为在干燥的环境下，雪蒸发（升华）后反而冷却自己，难以融化。

引发「游击暴雨」的原因是积雨云

近年在日本，人们把突然从天而降的大雨称为**游击暴雨**，它其实是由积雨云引起的局地性强降雨，这种现象以前就存在。

积雨云的寿命一般只有30分钟至1个小时左右，生命周期极其短暂。积雨云的横向发展达几千米至十几千米，当积雨云飘至我们正上方时就会突然带来降雨；待云层飘过，降雨便戛然而止。据说一个积雨云带来的降雨量仅有几十毫米。不过，在它们的一生中（第34页），如果和其他几代积雨云聚集在一起，就会形成巨大的积雨云（**多单体风暴**），使它们的寿命更长，降雨量也更大，有时甚至会导致道路严重积水。

当你听到游击暴雨时，也许会认为这是最近才出现的一种不可预测的灾害性现象。其实在很久以前就有，比如，用“过云雨”“阵雨”“骤雨”来描述突然从天而降的暴雨。让我们有效利用雷达的降雨量信息功能（第62页），把“游击暴雨”变成普通的“过云雨”吧。

积雨云的形成过程

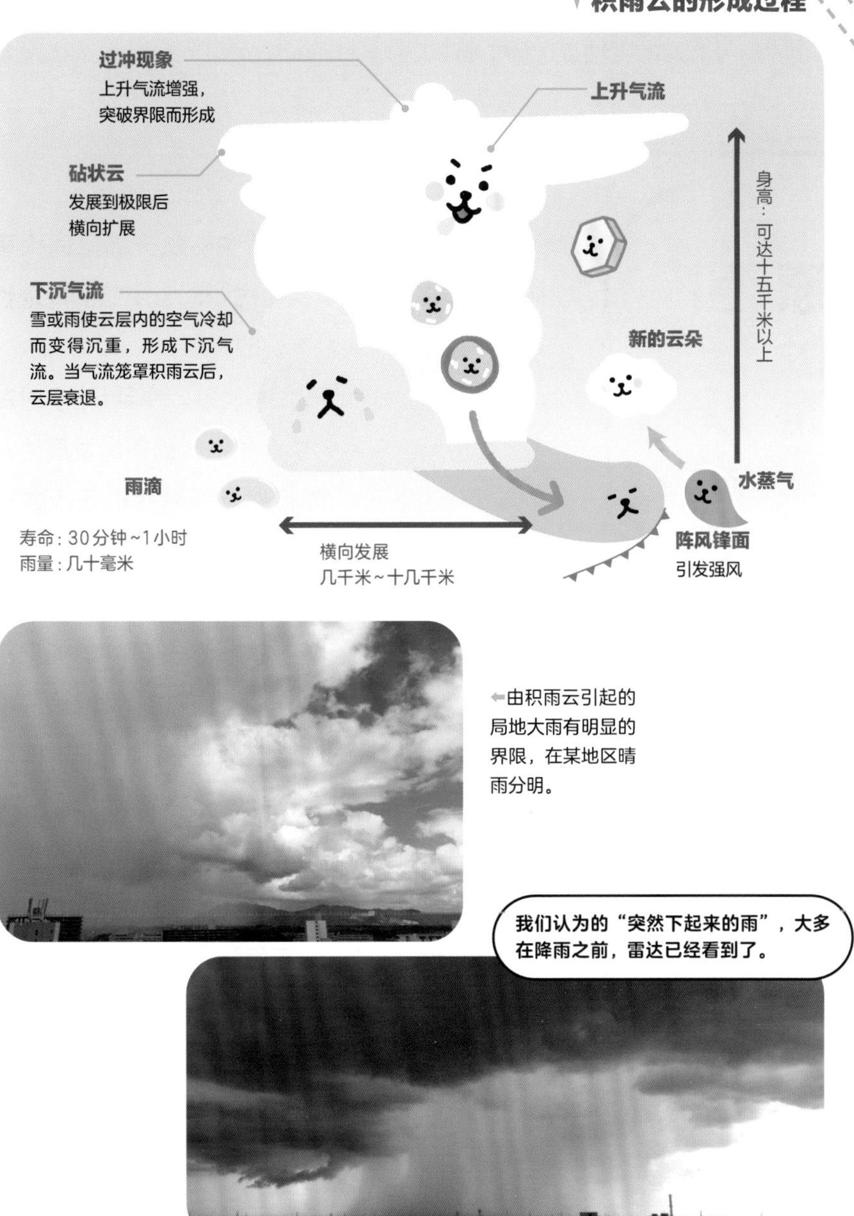

←由积雨云引起的局地大雨有明显的界限，在某地区晴雨分明。

小知识 当我们听到“飑”一词时，可能会联想到热带地区的降雨。这个词原是航海用语，本意为风速急剧增强。这种风速突然增强的天气现象也称为阵风，一般不足20秒便消失，而“飑”可持续1分钟以上。

「线状降水带」由积雨云连接而成

有关暴雨的新闻报道中，经常出现**线状降水带**一词。这种现象是由积雨云连接成带状而产生的，是导致**局部大暴雨**的原因。

一个积雨云的降雨量只有几十毫米，如果这块云团随风飘过，就仅仅是过云雨而已。然而，积雨云如果在上风侧不断形成并连接在一起，便会在狭窄范围的同一地点持续引发数小时的局部暴雨，降雨量可达上百或几百毫米。“线状降水带”指的就是在这段时间内，像一条线一样连接成的降雨区域或者雨云块。由于在积雨云移动方向的后侧会有新的积雨云不断生成，所以，线状降水带的形成原理称为**积雨云的后向建立**（back building）。另外，线状降水带还有一种类型是在冷暖气团交汇的锋面上不断产生积雨云的现象。

出现线状降水带现象是非常危险的，会引发重大灾害。以我们现在的科技水平，很难准确预测。所以，还需要不断研究和探索。

线状降雨带产生的原理

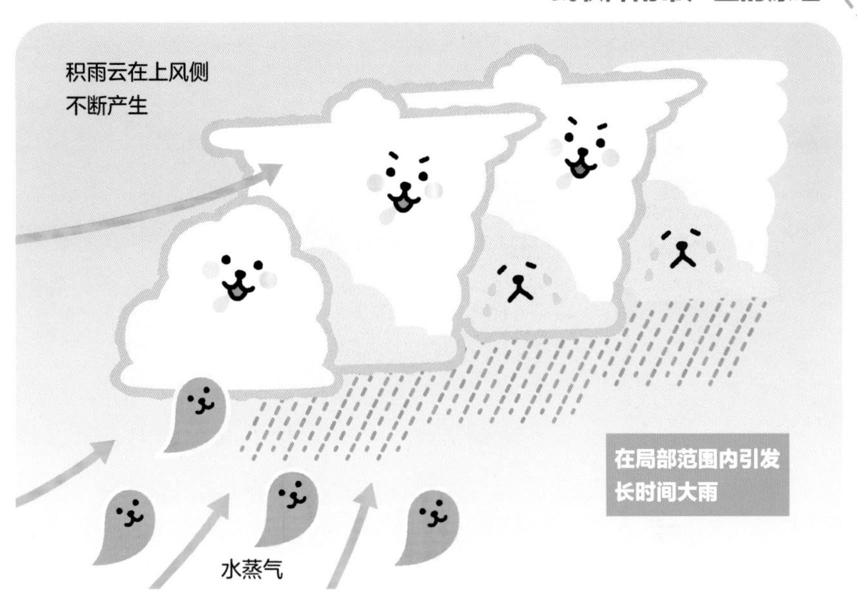

引发2020年7月大暴雨的线状降水带

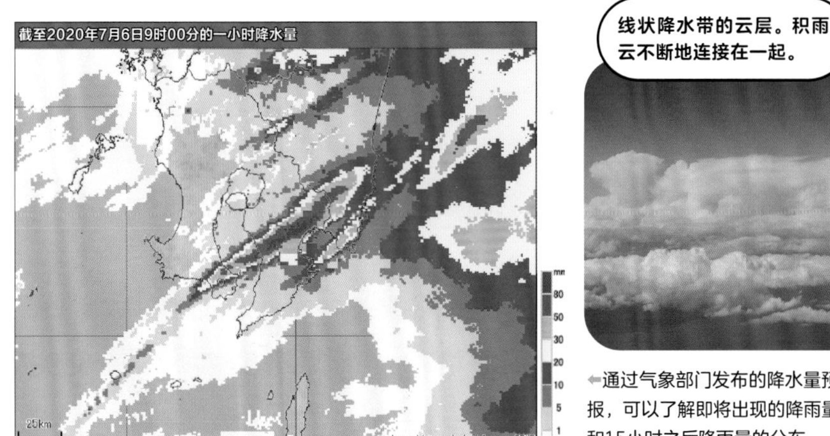

←通过气象部门发布的降水量预报，可以了解即将出现的降雨量和15小时之后降雨量的分布。

降水量预报

小知识 预测线状降水带最重要的是正确观测上风侧的水蒸气。日本气象厅为了准确预测九州地区出现的、由线状降水带引起的洪涝灾害，也会尝试通过海上气象船进行水蒸气的观测。

夏天也会从天空下冰块！

在炎热的夏日，天空突然一片昏暗，大量冰块从天而降，它们的名字叫冰雹。

在积雨云中冰晶有时会成长得很大，直径5毫米以下的叫霰，直径5毫米以上的叫雹。冰雹经常出现在大气状态不稳定，而且产生积雨云较多的春季到秋季。因为冰雹是体积较大的冰块，所以，即使是盛夏它们也难以融化，会保持原样降落到地面。

较大的冰雹甚至有葡萄柚①那么大，而且会以30米/秒（108千米/时）以上的速度降落。日本国内记载的最高纪录是，1917年6月29日，在埼玉县熊谷市附近发现的直径约29.6厘米、大约3.4千克重的冰雹。

当冰雹大量降落时会和雨水一起流向低处，虽然是夏天，但也会出现类似积雪一样的景象。巨大的冰雹不仅会损坏屋顶，如果砸到人还会造成重伤。所以，遇到下冰雹的天气，请立刻到安全的建筑物内躲避。

①葡萄柚一般为10~15厘米。——译者注

茨城县东海村降下的冰雹（拍摄于2012年5月6日）。同一天，该县筑波市发生了龙卷风灾害。

雹的形状除圆形以外，还有形状各异的带刺的。

小知识　雹多呈球形、椭圆形、圆锥形，但也有像星星糖一样带刺的雹。据说是因为融化的雹表面再次冻结而形成的。

把冰雹切开会看到年轮纹路

从天而降的大冰块就是冰雹。如果把冰雹切开，观察它的横截面，会发现上面有像树木年轮一样的圆圈纹路。

在积雨云的内部，从云层高处降落下来的雪花结晶，遇到低于0摄氏度过冷却的水滴（第44页）时会冻结在一起形成带云滴的结晶。它旋转着降落下来就是霰，但在0摄氏度以上较温暖的云层中，霰的表面会融化，然后随着云层的上升气流再次被带到0摄氏度以下的空中时，霰表面的水膜会再度冻结。而且，在重新附着过冷却水滴后一起降落，随后再次上升，这个过程循环发生就会产生较大的冰雹。

因此，过冷却的水滴与冰晶之间有间隙，所以变得不透明，而水膜层没有间隙，所以是透明的，由此形成**年轮一样的图案**。如果把降落下来的冰雹切开，然后数一数有几层，也许就能知道它经过了几次上上下下的运动。

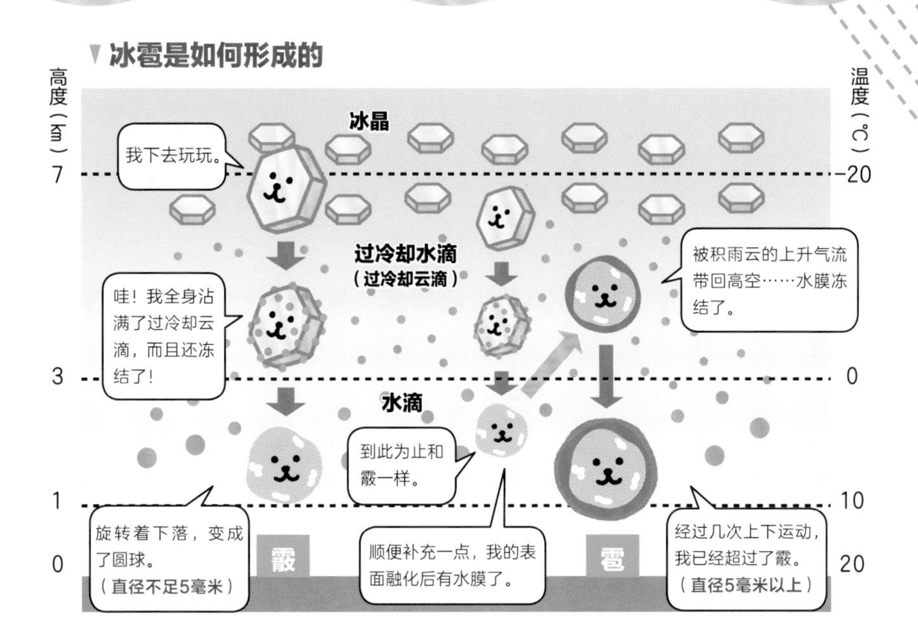

小知识 在中国古代，人们认为“霰”字预示着太平盛世的到来，“雹”则是乱世之兆。降落到地面的霰易碎，雹则意味着被冰晶包裹着，从这一点来看，汉字很贴切地表现了它们的物理特征。

雷也会腾空而起

积雨云因伴随有雷电活动，所以也常称为雷暴云。雷，虽然经常被认为是从天而降的**落雷**，但其实也有爬上天空的雷。

夏季，冰晶在积雨云的内部相互碰撞而产生雷电（电荷）。由于云层的上升气流和冰晶的降落，使冰晶上下移动，造成了雷电偏移（电荷分离）。于是，积雨云从上到下会出现正-负-正的电流偏移（三极性电荷结构），负电流失去其下方的正电流，所以分叉流向地表（梯级先导，stepped leader）。它与地表的正电流相接触，地表的正电流会瞬间流出（返回雷击，return stroke），随即负电流再次从云端流向地表（箭式先导，dart leader）。一次落雷的时长大约需要0.5秒，在这0.5秒之内**电流会数次上下往返。**

如果用智能手机的慢动作拍摄发生雷电时的情景，就能看到电流在同一路径上下往返的样子。雷电是电流在一瞬间的急速流动。

分叉的梯级先导与雷电的放电路径，因路径上有大量电流经过，所以变得粗大。

▼夏季雷雨云中的各种变化

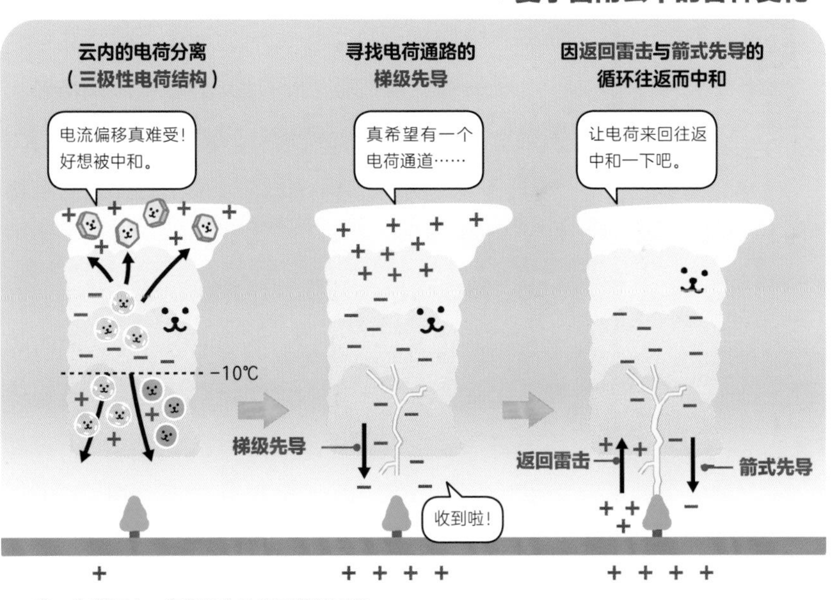

在一次落雷中，有很多上升和下落的雷电。
冬季积雨云的厚度相对较薄，所以通常冬季的雷比夏季的雷能量更大。

小知识 民间有落雷的地方蘑菇收成旺的传说。据研究表明，电流通过的蘑菇比没有通过的收成能增加两倍多。暴露在雷击危险中的蘑菇为了存活，生命力更加旺盛。

52

雷究竟落到了哪里？

雷一般会从积雨云的正下方落下，但在积雨云附近还没有下雨的地方也会打雷。

积雨云的横向宽度一般为几千米到十几千米，下雨的范围也十分有限。因此，积雨云经过后不久天空便会放晴。也许有很多人会认为既然不下雨，在户外活动就不会有危险。然而，此时，**如果是能听到雷声的地方，就代表还存在落雷的风险**。当你听到有雷声时，请立刻进到建筑物或汽车内躲避。

在确保安全的情况下，我们先来计算从看见闪电到听见雷声的时间吧。光的速度每秒大约为30万千米，所以转瞬即逝，而声音的速度则每秒大约为340米。把你计算的时间（秒数）乘以340，可以得出你和雷声之间的距离（米）。另一种简单的计算方法是，将秒数除以3就能大致推算出距离（千米）。通过观察雷达的降雨量信息来确定哪里有积雨云的雷电，再验证一下你的答案吧。

积雨云旁边出现的落雷。在听到雷声的地方要注意躲避雷击。

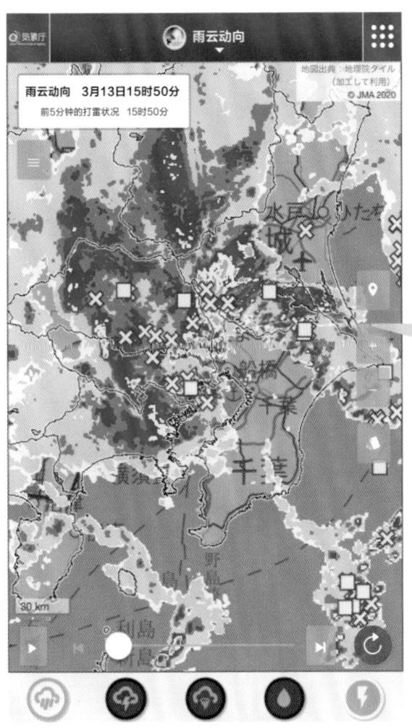

实时天气预报

小知识 如果出现雷雨天气，一定不要在大树下面避雨。当雷击中大树时，大树附近的人和物体会因再次放电现象（侧雷击），引发触电。如果听到雷声，请立刻进入建筑物或汽车内躲避！

53

巨型积雨云「超级单体」会带来破坏力超强的龙卷风

据说，我们一生中遇见**龙卷风**的机会最多不过一次。龙卷风，指的是一种积雨云底部生成的漏斗状云（**漏斗云**）延伸到地面，形成剧烈旋转气流的天气现象。

这种现象必定会发生在积云或者积雨云的底部。据研究发现，有一种强大的龙卷风会伴随着巨型积雨云的出现而形成，称为**超级单体**。关于龙卷风的旋转方向，顺时针和逆时针均有可能，据统计，在日本境内发生的龙卷风有85%是逆时针旋转，有15%是顺时针旋转。

不过，超级单体形成的龙卷风，是由于云层内部受到处于逆时针旋转的小型低气压气流影响而产生的，所以，在常常发生超级单体风暴的美国境内，几乎所有的龙卷风都是逆时针旋转。

龙卷风的破坏力超强，所到之处，顷刻之间，房屋被毁、车辆被掀翻。如果发现云层底部形成漏斗状，那么，这片云随时都有可能演变成龙卷风。请立即到附近坚固的建筑物中躲避。

伴随超级单体形成的龙卷风。

当积雨云中寒冷且凝重的下沉气流降到地面时，会引发一种叫作下击暴流的阵风。

日本茨城县筑波市内拍摄到的超级单体。

龙卷风的形成原理

➡花样滑冰选手旋转时，从蹲姿转为站姿后，旋转的速度会加快（角动量守恒定律）。龙卷风的原理也相同，旋涡被云层中的上升气流牵引拉伸而变成强劲的风暴。

小知识 就平均数据来看，龙卷风最容易发生在9月，而且在积雨云多发的夏季到秋季期间，发生的频次有所增加。不过，日本海一侧的冬季也很容易形成积雨云，所以，在冬季的沿海平原地带经常出现龙卷风。

54

晴天刮起的「旋风」

卷起尘土的旋风。

飘落的樱花瓣乘着旋涡在空中飞舞。旋涡在生活中随处可见。

天气晴朗的校园操场上，有时会看到卷起沙尘的旋涡掀翻遮阳棚的现象。这种旋涡乍一看和龙卷风很相似，不过，它是晴天刮起的**旋风**。

这种旋风的学名叫作**尘卷风**（尘魔，dust devil）。天气晴好时，地表温度上升，质量变轻的空气会逐渐升向高空。上升过程中，如果叠加了地面风向之间相互碰撞形成的旋涡，上升气流形成的拉力会牵引旋涡，从而形成旋风。这种旋风的寿命最长不过数分钟，而且也像龙卷风一样，有顺时针和逆时针两种旋转方式。

小知识 在我们身边隐藏着不少旋涡，只是大多数没有旋风那样强劲。比如，在高层建筑的附近，由于风向的变化极易形成旋涡，通过落叶或者樱花瓣的飞舞状况就能了解到。

刮风是因为低气压输给了高气压

▼刮风的原因

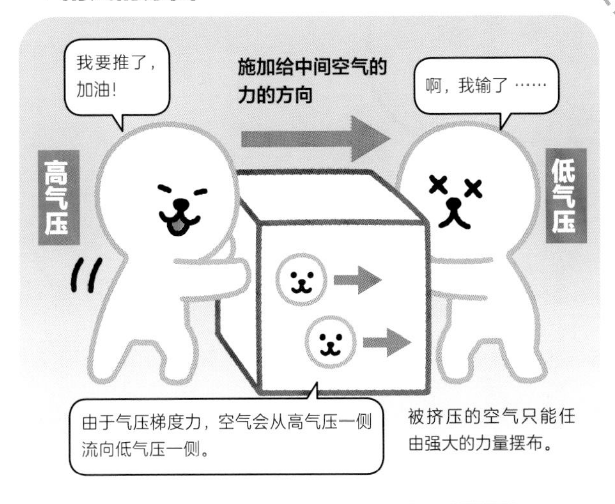

气压差产生的力量＝气压梯度力

为什么会刮风呢？这个问题的答案是：因为低气压输给了高气压。

低气压指的是气压低于周围的空气，而**高气压**则相反，高低气压的数值并没有基准。**气压**指的是大气推挤物体在单位面积上产生的压力，高低气压相互接近时，因为气压差开始互相推挤，结果气压较强的高气压在推挤中胜出。此时，高气压与低气压之间，由于气压的倾斜产生了**气压梯度力**，这种力量带动了空气的流动，从而形成了风。

当你感觉到刮风时，想象一下高气压和低气压正在某处推推搡搡的情景吧。

小知识 在晴朗的夏日，低空中的云彩投射的阴影会在地面上缓慢地移动。如果地表风速是每秒3米（时速约11千米），你跑起来应该能超过地上的云影。不过，接近中午的时候，吹向内陆的风会变强，云的影子也会加速。利用早上的时间，试试和云的影子赛跑吧！

「从西边开始变天」是偏西风造成的

天气预报里经常使用**从西边开始变天**的表述。这句话的意思是天气自西向东推移，逐渐发生变化，这是偏西风造成的。

偏西风是中纬度地带上空刮的西风。有时像蛇一样向南北方向弯曲伸展，低气压和高气压顺着这股气流自西向东移动。因此，低气压或者锋面乘着偏西风向东推进，形成从西边开始变天的现象。移动性高气压也会乘着偏西风而至，使天气从西边开始逐渐好转。

日本上空的偏西风在冬季最强，夏季向北移动，风力有所减弱。因此，夏季低气压相对较少，而秋季到春季较多。偏西风的周期持续数日，对天气影响极大，而且，有时偏西风的蛇行阵仗持续较长，就会引起大暴雨和酷暑等异常天气，所以我们需要密切关注天气预报。

温带低气压（也称温带气旋）的形成原因

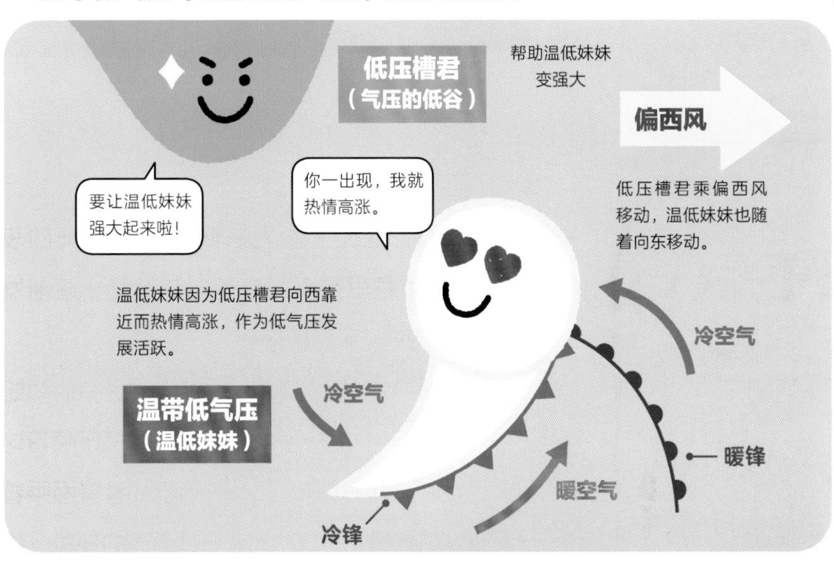

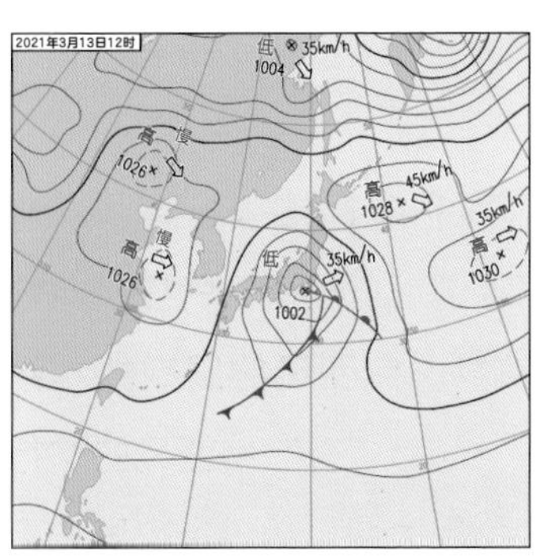

⬆这是典型的从西边开始变天的天气图和卫星云图（2021年3月13日）。

⬅**高空气象观测**的情景。气象厅一般每天早上和晚上9点在日本国内16个地方释放气象气球，气球上悬挂着**传感器**，升至大约30千米的高度以观测大气状态。工作人员通过气球的位置和时间计算高空的风速，调查偏西风的状态。观测到的数据用于天气预报和云层的研究。

小知识 日本气象厅的气象观测传感器是一次性的，从秋季至春季乘着偏西风飞翔之后落入日本以东的海面。可是，由于夏季的偏西风较弱，传感器有时会落到陆地，如果有谁捡到，请联系传感器上印刷的地址！

57

台风袭击日本的最大原因

日本每年都会遭受台风袭击，引发暴雨和强风等灾害。**台风**是积雨云聚集在热带地区形成的**热带低压**，属于热带气旋的一种，其中心最大风速达到每秒17.2米或以上。台风的称呼主要指西北太平洋上形成的热带低压，北大西洋上形成的称为飓风（hurricane），印度洋上形成的称为旋风（cyclone）。

台风一般发生在早春时期的低纬度地带，然后向西移动。夏季多发生在高纬度地带，然后沿着**太平洋高压**的边缘北上到访日本。秋季的台风因为日本附近上空的**偏西风**，从南部海洋上沿着抛物线的轨迹北上，所以日本是台风的必经之路。

以热带低压中心附近地面最大风速为基准，日本将台风分为强、超强、猛烈三个级别；根据平均风速达到每秒15米以上强风区域的大小又分为大型和超大型台风[1]。台风会带来暴雨、狂风、巨浪和风暴潮等各种自然灾害。当天气预报有台风临近时，请事先做好万全准备。

① 台风是热带气旋的一个类别。根据中国气象局的分类，热带气旋按中心附近地面最大风速（从大到小）划分为超强台风、强台风、台风、强热带风暴、热带风暴、热带低压六个等级。——编者注

2019年，“房总半岛台风”给千叶县房总半岛带来巨大灾害（第15号台风/2019年9月上旬）。

平均每月具有代表性的台风路径（日本附近）

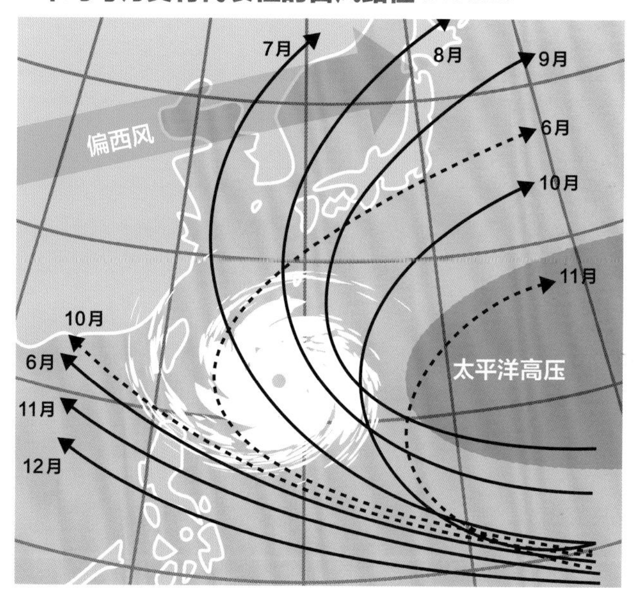

小知识 台风编号每年按照发生的顺序制定，除此之外，台风委员会（日本等14个国家和地区加盟）制定的亚洲名称一共有140个。其中日本命名的名称有鲸鱼、小熊、指南针等，这些名称源于星座。

人工降雨可以改变天气吗？

“祈祷这天一定是晴天”，当我们准备举办活动或者去旅行的日子，一般都希望是个晴好天气。于是，便产生了扫晴娘、晴女、晴男等与天气相关的风俗和传说。那么，我们能否按照自己的意愿来控制天气呢？

答案是**依靠现代技术还无法改变天气**。在气象学领域，虽然有人工降雨、人工降雪的技术，但其目的是获得水资源，并不能改变天气。人工降雨和降雪只是人们向“虽然充满了足够下雨或下雪的水，但却很难进一步发展”的云层散播干冰，推动云层尽快释放水分的一种技术。

以前，曾经有人研究能否人工控制冰雹和台风，然而，并没有获得科学上实际有效的结果。虽然那是令人充满希望的技术，不过目前，我们还是应该有效利用天气预报。

人工降雨·人工降雪的概念图

确保水资源

⬆2008年北京奥林匹克运动会开幕式时，中国使用火箭向降雨云层散播碘化银，成功实现了阴转晴的人工消雨。

➡这是日本唯一的人工降雨设施，东京都水利局小河内人工降雨喷烟所（奥多摩町）。人们在小屋里燃烧碘化银释放到空中。碘化银与冰晶的分子构造类似，有利于产生冰云。

小知识 据研究表明，人们在社交网站的交流中，如果自己一直相信的观念被他人否定，即使对方的观点有科学依据，也无法接受。晴女或者晴男的说法虽然没有科学依据，但没有必要全部否定，委婉应对就好。

59

任何人都可以随时从太空眺望地球

你知道吗？现代社会，只要有一部智能手机，任何人都可以随时随地从太空眺望地球。

日本气象厅发射的**静止轨道气象卫星**[1]向日葵8号和9号，可以观测包括日本在内的地球天气。这颗卫星每十分钟观测一次地球，每两分半观测一次日本附近区域，我们可以通过“向日葵实时观测”网站查看卫星图像。

利用该网站就可以从太空观察你在意的云层，也可以调查云团来自何方。或者去观测低气压等有旋涡的云团，欣赏冬季位于韩国济州岛和日本九州屋久岛附近、夏季位于北海道利尻岛附近的，由环绕岛屿的风形成的涡流群，人们称之为**卡门涡街**。

即使在阴雨天看不到朝霞和晚霞时，我们也能通过卫星图像，找到当天晴朗的地区，欣赏布满天空的彩霞。利用这类网站，不妨试试**以上帝视角从太空眺望地球**。

①气象卫星是指从太空对地球及其大气层进行气象观测的人造地球卫星。由于轨道的不同，可分为两大类，太阳同步极地轨道气象卫星和地球同步气象卫星（也称为静止轨道气象卫星）。中国气象卫星有捕风家族和风云家族。在风云家族中，极轨系列气象卫星以风云一、三、五等奇数号码排序。静止系列气象卫星以风云二、四、六等偶数号码排序。——编者注

九州西侧海面上，卡门涡街排列成行的情景。

我们在阴雨天情绪低落的时候，不妨试试从太空观察当日霞光万丈的天空。

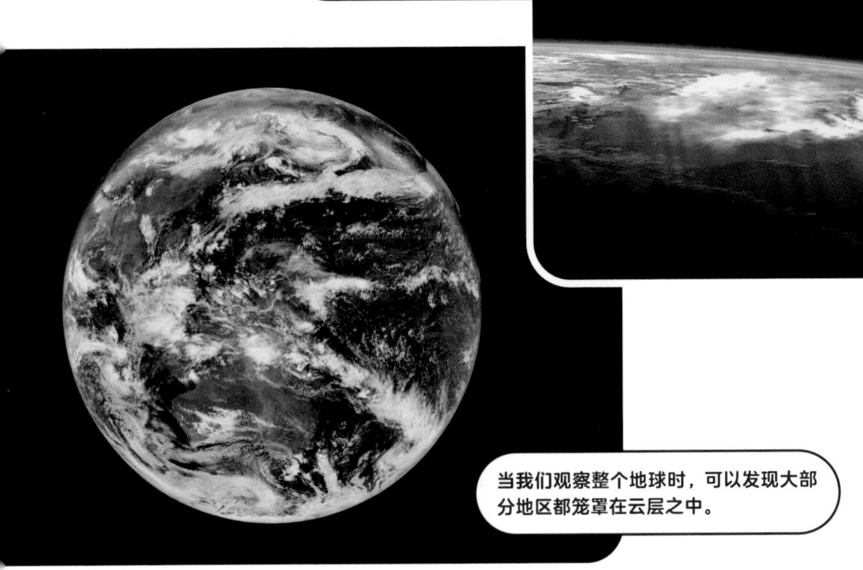

当我们观察整个地球时，可以发现大部分地区都笼罩在云层之中。

小知识 静止轨道气象卫星向日葵在赤道上空约36,000千米处，与地球自转保持同步。因此，可以从太空中观测地球的固定地区，传回的图像不仅有日食阴影和月球的照片，还有浮冰和积雪的照片。

黄沙在太空清晰可见

⬆通过气象卫星云图从太空中观测到的黄沙，近似茶色的、像黄土一样的颜色。黄沙乘着高空的偏西风飘到日本附近。

每年春天日本上空都会飞来**黄沙**。这些黄沙可以通过气象卫星云图清晰地观测到。

这种现象的起因是沙漠地带及干旱地区的沙尘在狂风作用下，把黄沙升至高空，然后再降落到地面。黄沙袭来时，天空的颜色变成黄色或近似茶色，能见度降低，有时甚至会影响交通出行。当大量的黄沙袭来，地面落满沙尘，室外的汽车和晾晒的衣服也会被弄脏。

气象部门不仅会密切注意监测黄沙，还会提供黄沙预报。每到黄沙季节，要多关注气象预报，积极采取防护措施。

小知识 黄沙袭来时，除了沙尘以外，大气污染物质和土壤中的菌类、霉菌也随之一起飘来。所以会导致过敏性鼻炎、鼻塞和花粉症的症状加重，甚至还会引起呼吸障碍。请注意戴口罩，做好防护。

31 从太空可以确认的森林火灾

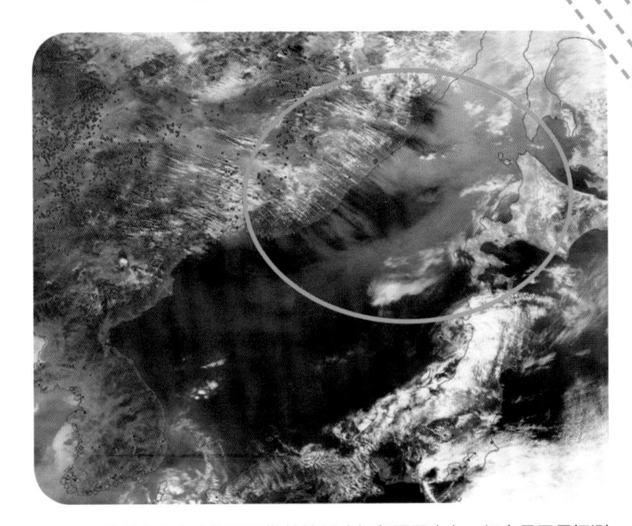

⬆这是森林火灾烟雾飘散的情景（绿色圆圈内）。红点是卫星探测到的热源，即森林火灾的发生地。卫星云图上可以看到从俄罗斯的红点处产生的灰色烟雾飘至日本海，一直覆盖到北海道附近。

我们可以从太空中确认世界各地发生的大规模**森林火灾**的情景。

发生森林火灾时会产生大量烟雾。这些烟雾的颜色从太空中看起来呈灰色，和白色的云团截然不同。实际上，那些被烟雾笼罩的上空，从地面上看是被染成了一片灰色或者淡红色。以前，俄罗斯和印度发生的大规模森林火灾引起的烟雾，就曾经在风力的影响下飘散至日本。

通过卫星，我们可以了解森林火灾发生的地点。持续高温和干燥的天气很容易引发森林火灾，另外，全球气候变暖的大环境也会使森林火灾频发。

小知识 除了静止轨道气象卫星以外，世界各国还在运行极轨气象卫星，它的轨道通过地球的南北极，并以大角度横穿赤道。如果在网络上检索关键词“NASA EOSDIS Worldview”，可以看到各种极轨气象卫星的图像。

62

全球气候变暖趋势仍在持续

即使我们听到**全球气候变暖**的相关报道，在日常生活中似乎也感觉不到什么。但是，气候变暖的趋势的确仍在持续。

现在的地球正处于过去1400年间最温暖的时期。全球气候变暖正在使整个地球范围内的气温和海水温度上升，导致冰川和冰床面积减少。同时，不仅平均气温上升，还出现了**极端高温**、**暴雨**、**干旱**等各种气候变化。近百年全球平均气温上升了0.75摄氏度，日本升高了约1.24摄氏度，特别是1990年以后，极端高温的年份明显增加。

全球气候变暖的原因，主要是人类活动造成的二氧化碳等温室气体不断增加。也有人对此观点持怀疑态度，但是，观测数据证明全球气候变暖的趋势日益严重。世界各国正在努力减少二氧化碳的排放量，这些努力并不是和我们无关。保护地球从每个人做起是至关重要的。

日本的年平均气温的偏差值变化（1898~2019年）

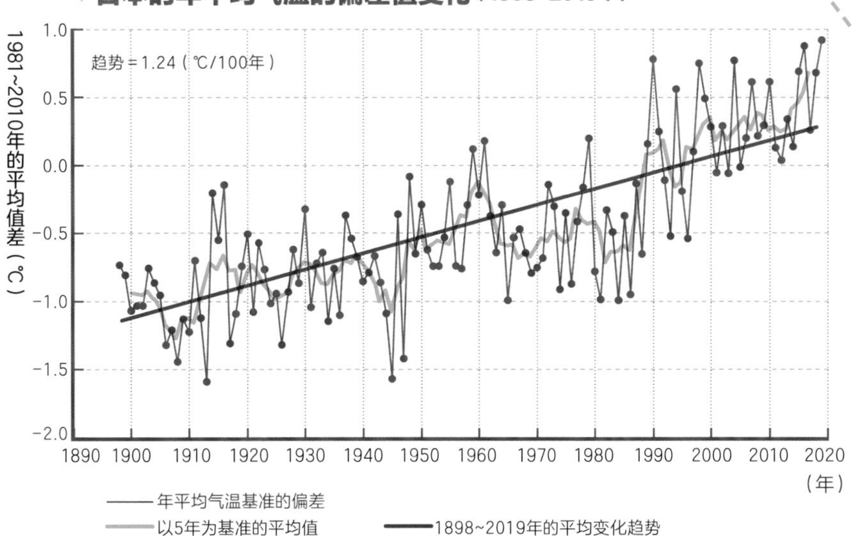

大气中的二氧化碳浓度（世界平均）

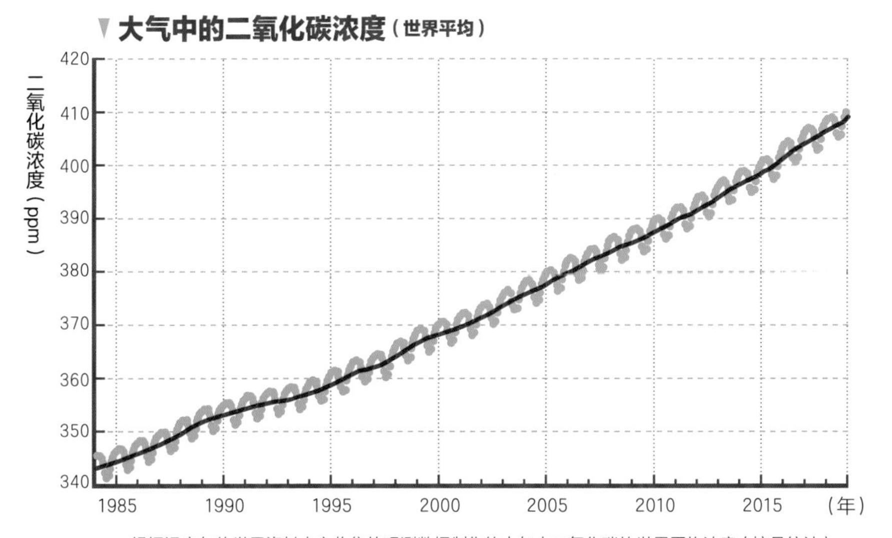

小知识 每个家庭都可以实施的减少温室气体的对策是空调的温度设定，尽量减少电力消耗，有效利用节能型家电产品（LED灯泡等）。除此之外，采用太阳能发电也很有效果。

大暴雨和酷暑天气的确有所增加

全球气候变暖给我们的生活带来极大影响，其中之一是**大暴雨和酷暑天气有所增加。**

的确，最近40年间，日本全国范围内降雨量达到1小时80毫米以上的**大暴雨**在不断增加。而且，在过去大约100年间，单日最高气温达到35摄氏度以上的**酷暑天气**，以及单日夜晚最低气温达到25摄氏度以上的热带夜也不断增加。相反，单日最低气温低于0摄氏度的冬日则越来越少。积雪量在过去30年也有减少的趋势。不过，由于每年的大雨和大雪天气的变动很大，所以，需要积累更多数据来研究长期的天气变化趋势。

通过计算机推演模拟全球气候变暖的研究表明，由于气候变暖，暴雨的雨量有可能正在增加。此外，另有结果表明：某一年的酷暑天气，如果不是因为气候变暖就几乎不会出现。

对于今后有可能出现的更极端的天气现象，需要我们在日常生活中做好准备。

大暴雨（1小时降水量80毫米以上）每年次数的变化

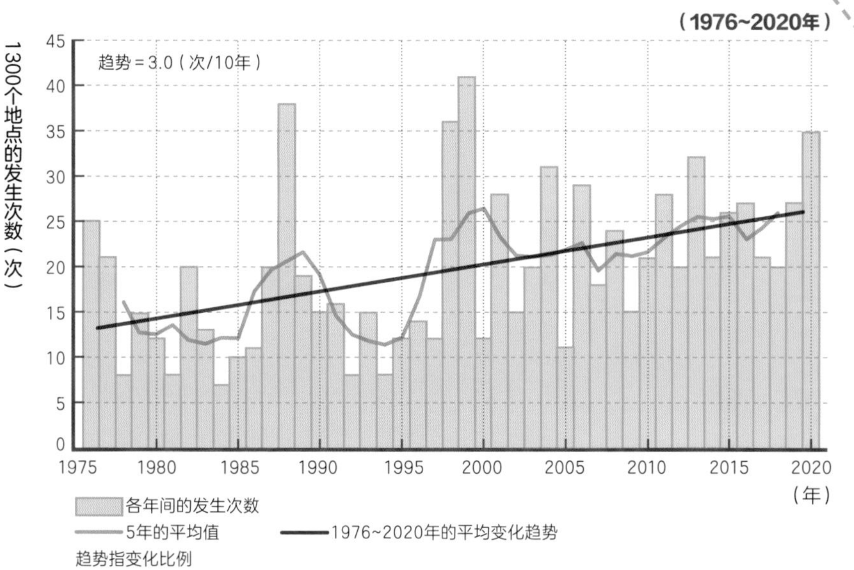

酷暑日（单日最高气温35℃以上）每年的天数变化

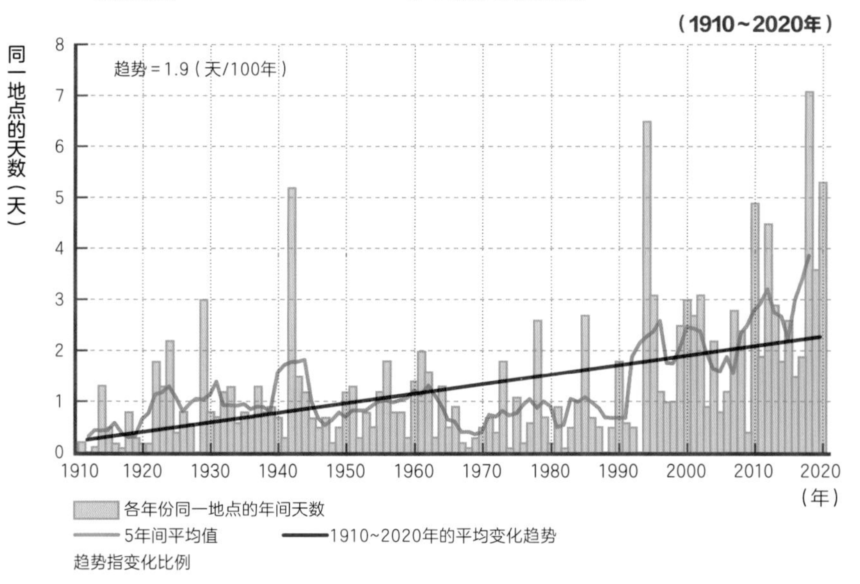

小知识　樱花的开花期提前，表明全球气候变暖对动植物的生态也会产生影响。今后，有些动植物可能会从我们身边消失，相反，也有可能会出现一些以前从未见过的动植物。

东京遭遇台风袭击的次数在近20年中增加了1.5倍！

全球气候变暖对台风的影响也值得我们多加关注。最近的研究显示，**东京遭遇台风袭击的次数正在不断增加。**

尽管台风的出现次数和临近日本的次数以及登陆次数等长期性的变化倾向并未出现异常，但是，依据以往40年的数据进行的研究表明，东京等太平洋沿岸地区遭遇台风袭击的次数正在增加。就东京而言，后20年比前20年增加了约1.5倍。而且，据研究显示，遭遇强台风袭击的频率有所增加，台风的移动速度变缓现象也非常明显。据信，这些都是气压场的变化以及海面水温上升等因素造成的。

另外，全球气候变暖将导致台风如何变化的一项研究结果显示，经过日本附近的台风的移动速度在本世纪末将减速约10%，受台风影响的时间有可能持续增加，而且，日本南部海面遭遇强台风袭击的比率也将不断增加。我们需要加强台风的防范和应对措施。

期间1（1980~1999年）和期间2（2000~2019年）遭遇台风袭击数量的比率（期间2/期间1）

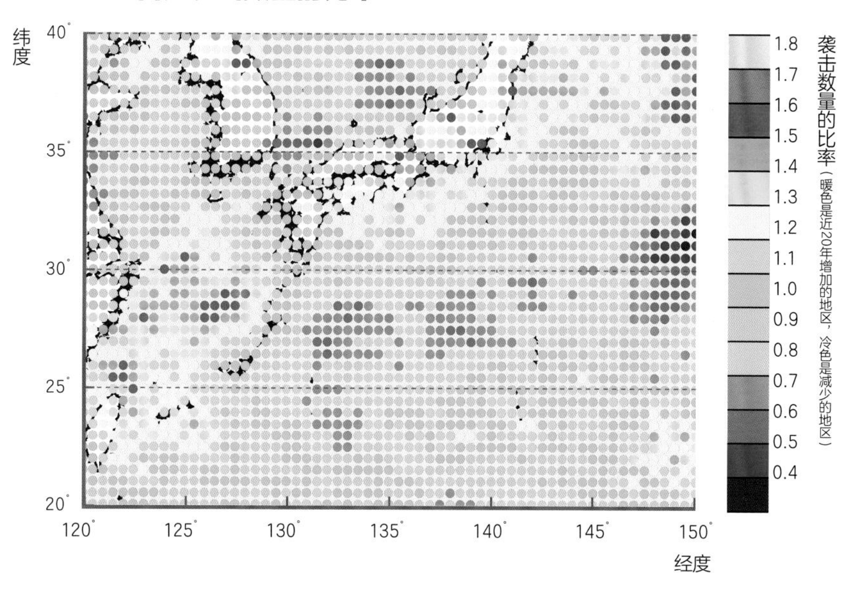

过去实验和未来实验显示的台风的移动速度

过去实验：再现过去的气候

未来实验：预测全球持续变暖状况下的未来气候变化（假设工业革命以后地球的平均气温升高4℃）

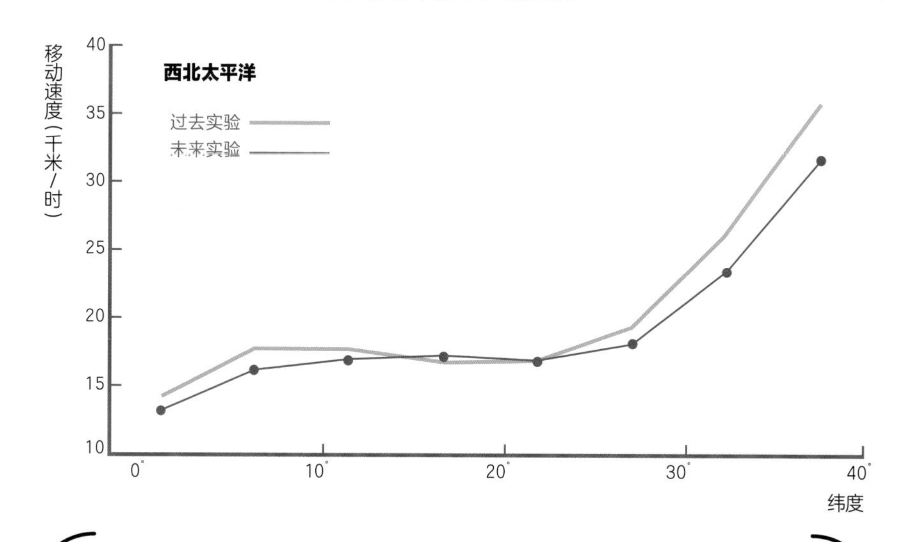

小知识 有科学家指出由于全球气候变暖，海水也吸收、释放大气中过量的二氧化碳，使海水正在逐渐变酸。海洋酸化将危及到浮游动植物、珊瑚礁以及贝类、甲壳类等海洋生物的生存。

趣味知识 3

日本气象大学是什么大学？

日本气象大学（位于千叶县柏市）的校园内设置有气象厅的一部雷达，用于观测关东地区的降雨云。

我的母校是日本气象大学，你听说过这所大学吗？它和普通的大学一样，也是4年制。这里也是日本气象厅的研究机构。

学生入学后，既是学生，同时也是气象厅的工作人员（国家公务员）。因此，同学们都有工资收入（和日本防卫大学相同）。学校的学习科目除了物理、数学、英语等一般课程以外，还有工作中所需的有关气象的基础知识，比如：气象、地震、火山、海洋等地球科学和防灾行政工作相关的科目……学生毕业后，将被派遣到全国各地的气象台和气象研究所，从事气象相关工作。

日本气象大学的在校学生总数为60名，人数很少。所以，在这样的学习环境里，同学们可以认真聆听老师授课，努力钻研气象等地球科学领域的知识。即将高中毕业的同学就可以报考，而且，高中毕业后2年内均有报考资格。如果你喜欢天气，想学习气象方面的知识，这所大学非常值得推荐。希望在未来有机会和各位一起工作。

章节

神奇的

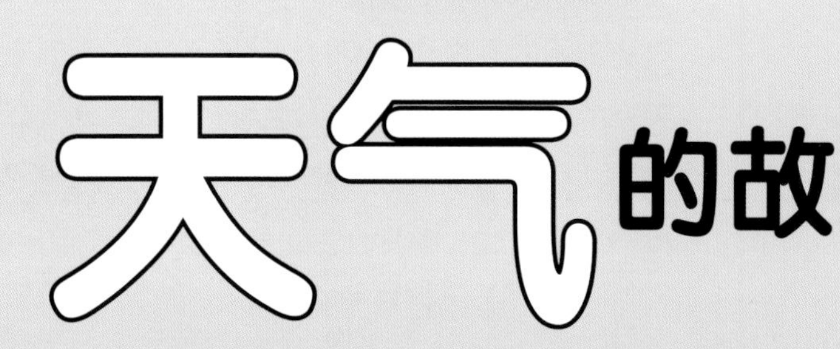

天气的故事

我们的生活可以说受天气的影响极大，
所以，很多人都会关注每天的天气预报。
如果你能明白天气预报中使用的专业词汇，
以及常用的一些天气谚语，
那么，你一定会比以前更懂天气、更会和天气打交道。

65 云量占全部天空8成以下就是「晴天」

蓝蓝的天空白云飘——当我们仰望晴朗的天空时，自然会感到心情舒畅。那么，这里的“晴空”，到底应该是怎样的状态呢？

一般来说，**天气**指的是雨或雪等发生在大气中的各种自然现象，以及以云为主的大气综合状态。也就是说，如果没有降雨或降雪，那么，天气是由云的多少来决定的。仰望天空时，云占据天空的比率称为**云量**。云量通过整数（0～10）标记，如果云量超过0而不足1，标记为0+；如果云量不满10，但又几乎达到10，标记为10-。

如果天空的云量为1成以下，也就是天空的云很少或者几乎没有，那就是阳光明媚，万里无云的**晴天**；如果云量在2成以上8成以下，也就是天空有一些云，但不多于8成就是**晴天**；如果天空云层很厚，云量达到9成以上，而且主要是高层云，那就是**少云**（在天气预报中通常被归类为晴天）；如果天空有很多中云族和低云族，就分类为**阴天**。

即使天气预报是晴天，云量为2和7的时候，我们看到的天空也大有不同。晴朗的天空中，云量到底是多少呢？还请各位仔细观察一下吧。

天空云量为7成的**晴天**。观测天气时可以从多个角度观察。

天空云量为1成的**晴空**。头顶上方及后方的天空几乎没有云。

云量为10-的**少云**天空。卷层云布满天空，还出现了幻日现象。

小知识 左右天气的大气现象主要分为四类。雨和雪的大气水凝物、沙尘等飘散在空中的大气尘粒现象、由于光的作用而产生彩虹的大气光学现象、雷电等大气电学现象。

天气预报使用的气温是距离地面1～2米高处的空气温度

➡**自动气象数据探测系统**的温度计。设置在日本全国观测雨水的约有1300处，观测雨水、风、气温、湿度的约有840处。

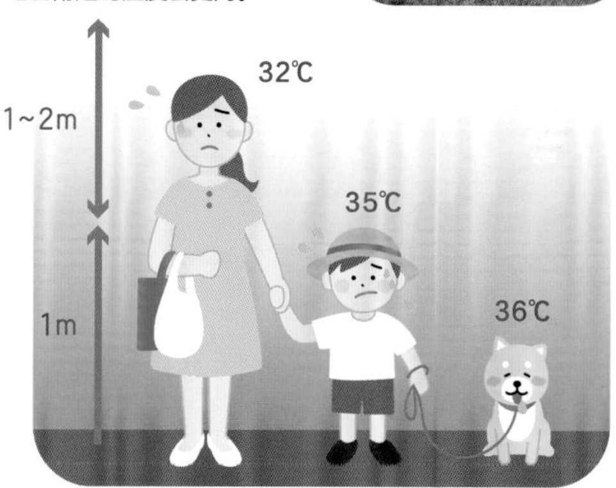

⬇天气预报显示气温是32℃时，地面附近的温度会更高。

天气预报中经常预报的最新气温或预测气温，其实是指距离地面1～2米高处的空气湿度。

日本气象部门利用**自动气象数据探测系统**（AMeDAS），即设置在距离地面高度约1.5米高处的仪器测量气温。天气预报也以此为基准，计算距地面1～2米高处的气温进行预报。

不过，当天气晴朗、风力微弱时，低于1～2米的气温变化比较大。这是因为地面容易吸收和散发太阳的热量，温差较大。因此，炎热夏季的白天，越接近地面温度越高，而在晴天的早上，脚下还能感觉到一丝凉意。

小知识 夏季最高气温达到35摄氏度以上的酷暑天气，除了道路表面以外，汽车内的温度会达到60摄氏度以上，非常危险。如果暴露在阳光直射下会接近80摄氏度，请各位注意避暑。

37 1百帕（hPa）相当于手掌上放一根黄瓜

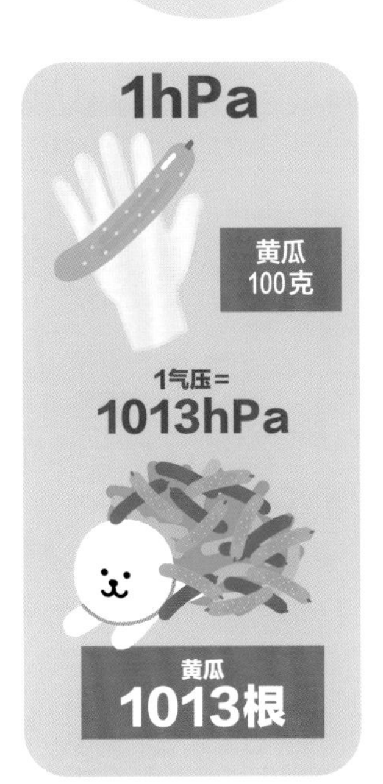

高度每升高10米，气压降低约1hPa

如果我们登上距地面（0米）高度450米的东京晴空塔，气压将下降多少百帕呢？

（答案见第171页）

天气象学中，使用**百帕**（hPa）作为衡量大气压强的**气压**单位。不过，这个单位似乎很难理解，如果用重量来理解的话，1百帕（hPa）相当于手掌（近似于边长为10厘米的正方形）上放着一根100克的黄瓜。

以此推算，地面上的气压是1气压（1013 hPa）左右，因此，我们每天生活在相当于重量约为1000根黄瓜的压力之下。这是相当大的压力，不过，我们体内也有相等的压力向外还击，内外压力相互抵消。所以，我们能够正常地生活。

小知识 据说有些人受气压等天气的影响，担心身体疼痛是因为患了“气象病”。因日常的天气变化或生活环境（高层住宅等），气压也会有很大的变化。这些并不一定是天气的原因，所以，还是请注意个人的健康管理。

一天中，下午2点左右气温最高

空气的温度，即**气温**。在一天当中，气温随着时间的推移变化很大。这是因为地面气温受太阳光的影响极强。

根据不同的时间来观测东京的气温，我们发现气温最高的时间段是下午2点左右。日上中天，太阳位于天空最高处的时间点是中午12点左右，此时，地表接收到的太阳光最强。观测地上的气温是在距离地面大约1.5米的高度进行（第146页），因为热量从地表传递至这个高度需要时间，所以，稍晚一些时候才能达到最高峰。太阳偏西后，地面接收到的太阳光也会减弱，气温便逐渐下降。天朗气清的夜晚，地表的热量会散发至天空，出现**辐射冷却现象**，所以，早上日出前后的时间段气温最低。

这种气温的变化在天气晴朗时表现较为明显，阴天或雨天时的变化较缓慢。如果受到暖气流或冷气流的影响，夜晚和白天的气温有时会出现相反的情况。请通过天气预报注意气温的变化吧！

▼白天和夜晚的气温为什么不一样？

▼东京不同时间段的平均气温（0点的温差/2020年）

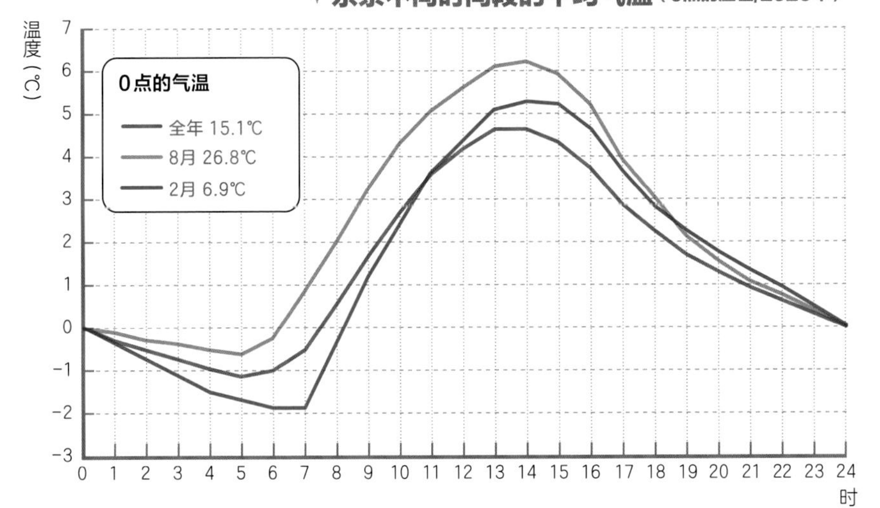

小知识 日出和日落的时间根据地点和季节不同而有所变化。大约经度每向东偏向1度，时间就提早4分钟。因此，北海道与冲绳相比，日出和日落的时间都要提前30分钟以上。

那个「雨的气味」是有名称的

久旱逢甘雨的时候，空气中散发着一种特殊的气味。好像泥土散发出的一种既令人怀念，又沁人心脾的芬芳之气……其实它是有名称的。

它叫**潮土油**（petrichor），是指在经历干燥炎热的天气后，一场及时雨洒落在土壤上所带来的气味。潮土油一词来源于希腊语，原意为石头中溢出的气味。据信，它是植物中产生的油脂附着在干燥大地上的泥土和石头表面，在经过雨水的浸润之后散发到空气中的味道。除此之外，由土壤中的细菌产生的一种叫**土臭素**（geosmin）的化学物质，以及由雷电产生的臭氧也是形成雨后气味的重要因素。顺便要补充一点，据说“臭氧”一词是源于希腊语的“臭味”一词……

有时，下雨前也会闻到这种气味，那是因为附近地区下雨后，有潮土油飘散在空气中随风而至。

▼ 来闻一闻雨的气味吧！

小知识 据说，对于雨水的气味，出生在城里的人要比出生在乡村的人感觉迟钝，这是因为城市的地面裸露的泥土相对较少，难以产生潮土油和土臭素。

「降水概率100%」并不等于要下大雨

天气预报中经常听到的“降水概率100%”，你是否想象过这究竟是什么样的天气呢？

也许有人会认为“100%会下雨，而且是倾盆大雨”。不过，降水概率100%并不意味着就要下大雨。

降水概率是指天气预报的对象地区在某一个时间段会出现降水量1毫米以上的雨或雪的概率，天气预报的表述方式以10%为基准递进。如果预报降水概率为30%，就表示相同状况出现过100次，其中1毫米以上的降雨或者降雪大约有30次。

因此，降水概率的数字越大，并不意味着就要下大雨，无论是大雨还是小雨，**只要是容易下雨的天气，降水概率就会增大**。当大气状态不稳定的时候，即使降水概率只有30%，如果积雨云不断扩大，也会在小范围内出现倾盆大雨。请准确掌握降水概率的知识，避免被雨淋湿。

实际的天气和降水概率

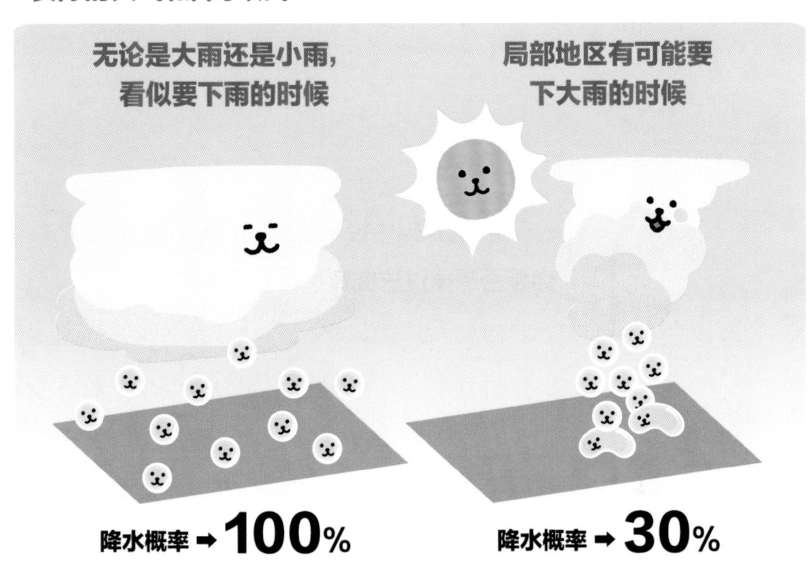

天气预报事例

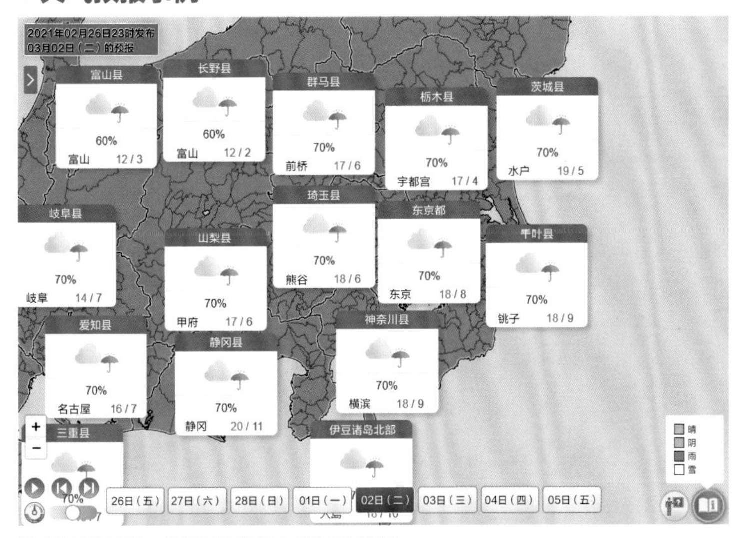

降水概率为70%，预测下雨概率大时的天气预报

小知识 天气预报是以物理学的公式为基准，使用超级计算机计算制作出的未来大气状况（风速或气温等）。但是，大气具有“混沌”的特性，即随着时间的推移，微小偏差也会导致气候发生巨大波动，所以天气预报也会出现偏差。

71

1小时降雨量100毫米，其质量相当于1名小相扑力士

如果听到“1小时降雨量100毫米”，你的脑海里会浮现出怎样的情景呢？如果说是大雨，也许容易理解，但具体是怎样的情形，却很难想象，所以，我们通过雨水的质量来理解一下。

降水量（雨量）是指从天空降落到地面的雨水没有流入地下，全部积聚起来的水量深度。1小时100毫米的降雨量，是指1平方米的面积里积聚了10厘米深的雨水，其质量是100千克。假设1名小相扑力士的体重为100千克，那么，1小时100毫米的降雨，就相当于1小时内，1平方米的面积里一次降落下来1名小相扑力士，两者的质量是相同的。而如果是下大暴雨，数十千米范围内顷刻间同时大雨瓢泼，也就是相当于天空中布满了成群的小相扑力士……这是多么危险的场景啊！

实际上，雨水和相扑力士有所不同的是，雨水会流向低洼地，汇入河流，还会渗透到地下。1小时100毫米的降雨是能直接引发洪水和泥石流灾害的、非常危险的降雨。

▼1小时降水量100毫米的大雨概念图

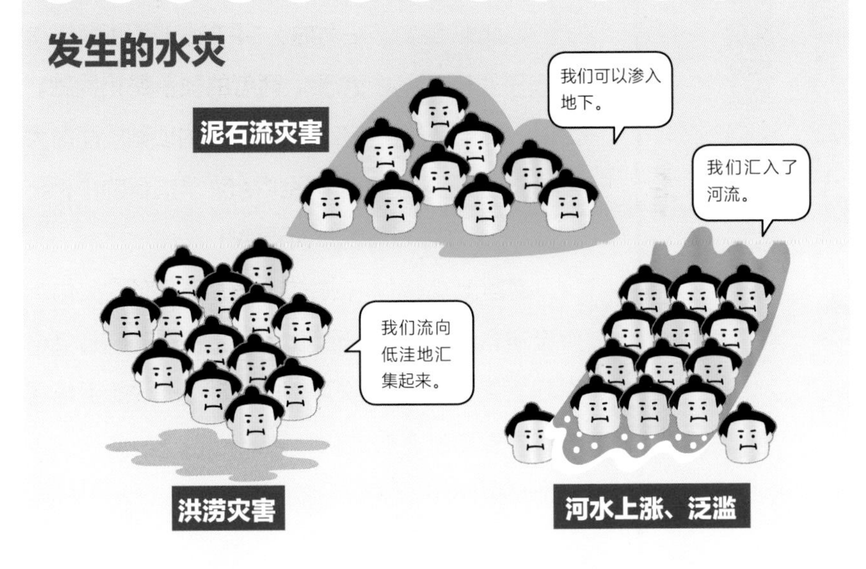

小知识 你所在的地方即使是晴天，但河流的上游处如果下大雨，湍急的河水也会导致水位上涨，引发各种危险。如果要去河边游戏玩耍，不仅要关注你所在位置，还要关注河流上游的天气情况，请注意安全第一。

72

『积雪2米』的质量相当于6名小相扑力士！

冬季，许多地方会有降雪，有时还会因为大雪造成雪灾。日本是世界少数以积雪丰富而闻名的国家。日本海一侧，靠近山脉的地区积雪（**积雪深度**）有时达2～3米。我们可以思考一下，积雪2米的质量究竟是多少呢？

新的积雪可以用积雪1厘米相当于降水量1毫米进行换算，但实际的积雪会因为上面一层雪的质量而压缩，所以积雪1厘米相当于降水量3毫米的质量。

如果积雪有2米，那么1平方米的积雪质量相当于6名小相扑力士（100千克/名）的体重（600千克）。如果36平方米的房屋屋顶全部被2米积雪覆盖，就相当于共有216名小相扑力士（共计21.6吨）坐在屋顶上。

通过用这样的方式计算积雪的质量，我们就可以明白在积雪丰富的雪国，人们为什么必须经常爬上屋顶清除积雪了。与此同时，你是否也能想象到雪崩有多么危险！

▼ 36平方米的屋顶上积雪2米时的质量

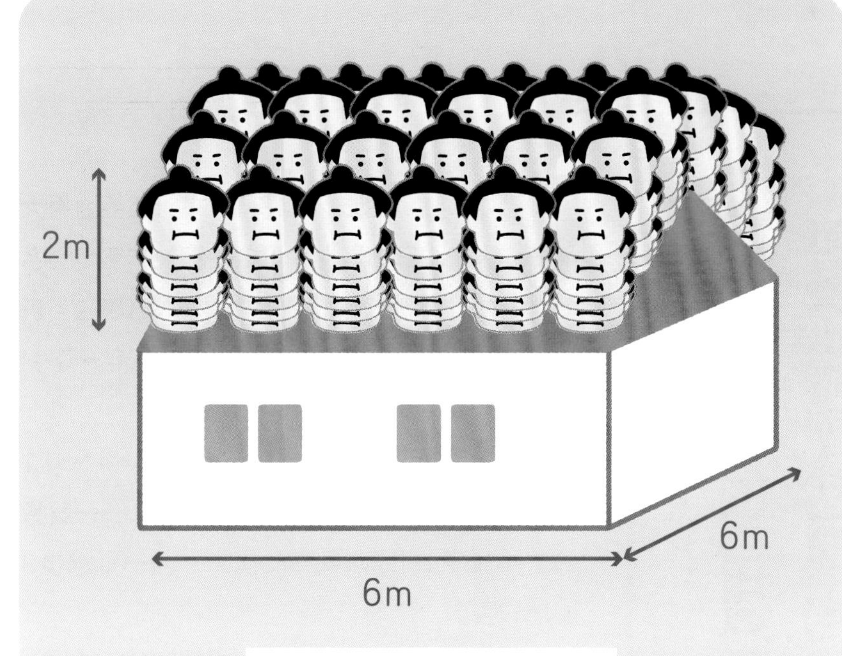

积雪深度1厘米≈降水量3毫米

小相扑力士

1平方米相当于**6名小相扑力士**（100千克/名）的体重（600千克）

整个屋顶相当于

216名（21.6吨）小相扑力士

坐在上面！

*1吨=1000千克

小知识 曾经想“如果把刨冰用的糖浆浇在积雪上，味道一定不错”！我尝试过一次，不过，味道欠佳就不推荐了。因为积雪中混杂着空气中的尘埃，极不卫生。刨冰要用冷冻的冰制作才好吃又卫生。

73

台风预报的台风圈的大小，并不等于台风的大小

热带低压预计逐渐加强发展为台风，或者台风将要临近时，气象部门都会发布台风预警。那么，我们应该如何理解台风的路径预报呢？我们一起来总结一下。

首先，**台风圈**并不是表示台风的大小，而是表示在预报的时间点，台风中心将有70%的概率进入该风圈范围内。换句话说，我们可以理解为，台风中心在台风圈之外的概率还有30%，**台风圈越大，表明台风的路径预报越容易发生变化**。相反，如果台风圈越小，说明台风按照预测路径移动的可能性比较大。另外，在预报台风路径中出现的直线并不是台风的移动路径，只是连接台风圈中心的直线而已。

即使在天气预报技术比较发达的现今时代，预测台风的路径及强度的精准度仍然存在一定的偏差。所以，当天气预报发布台风预报时，我们需要及时关注台风的最新动向，这一点非常重要。

台风预报的解读方法

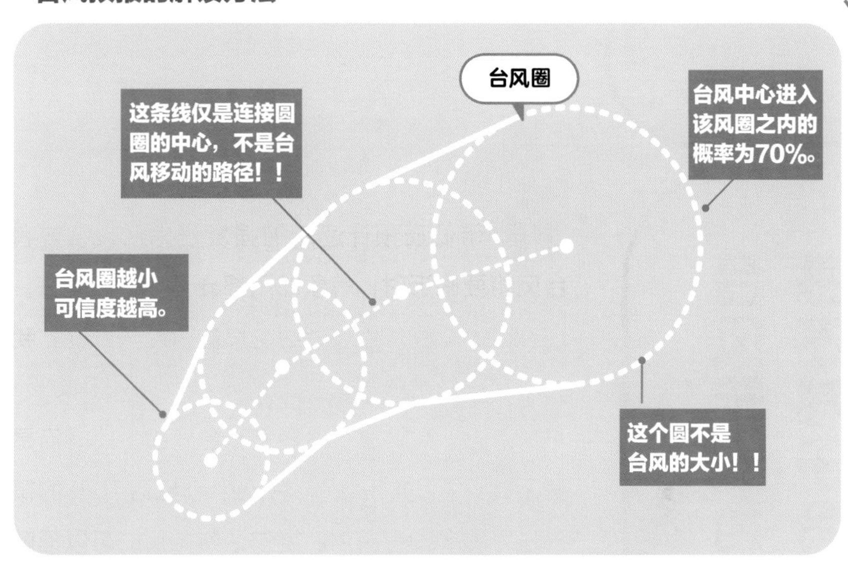

台风预报事例

台风预报

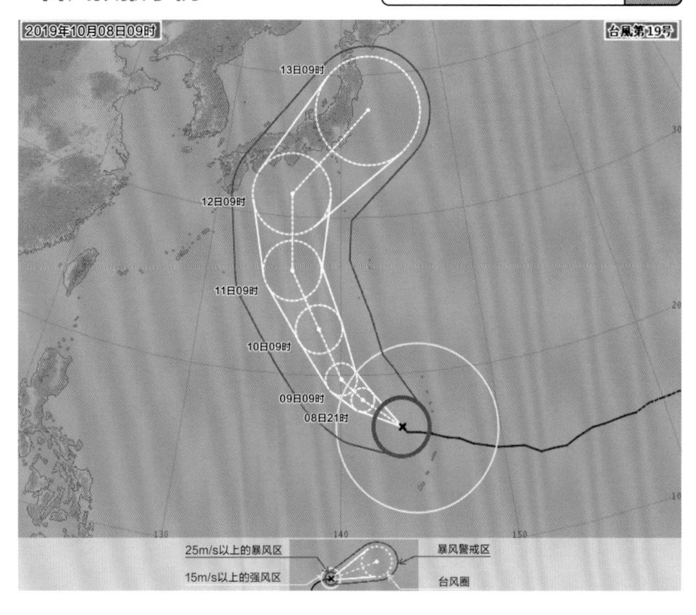

←台风预报一般发布的是未来5天之内的台风路径及强度的预测。除台风路径的预报之外，气象部门的临时记者发布会（第168页）也需关注。

小知识 台风范围内通常会伴随着平均风速为25米/秒以上的暴风区域，而台风中心有时候可能会达到瞬间最大风速70米/秒（时速252千米）！台风经过时，台风中心（也叫台风眼）的风力相对较弱，但逆时针方向的强风随时可能到来，需要特别注意。

台风转变为温带气旋后会迅速减弱吗？

“台风已经转变为温带气旋，风雨将会减弱”。看到天气预报，也许很多人都会这样认为。可是，**有时台风转变为温带气旋之后会再度增强**，所以，不能掉以轻心。

台风是由温暖的海面释放的水蒸气等发展而成的。向北移动至日本附近后，由于海面的水温下降，海水蒸发的水蒸气减少，台风有所减弱。但如果受到来自北方冷空气的影响，便会在冷空气和暖空气的交界处转变为伴随着锋面的**温带气旋**。

台风和温带气旋的区别仅是它们的构造和发展机制不同，中心气压和风力的强度并没有区别。温带气旋受到高空西风和气压低谷（气压较低的部分）等影响而生成，台风转变为温带气旋后再次增强的事例并不罕见。转变为温带气旋后，强风的范围比之前的台风更广阔，而且还会带来暴雨、龙卷风。所以，在暴风雨完全消失之前还需要多加注意。

▼台风和温带气旋的区别

台风

- 中心附近风力强劲
- 移动速度慢
- 周围比较温暖

温带气旋

- 范围广，风力强劲
- 移动速度快
- 位于冷空气和暖空气交界处

⬆2020年10号台风的卫星云图（9月4日）。台风在日本南部的海面迅速生成，并保持猛烈的势头。从卫星云图上看，旋转的台风有一只巨大的风眼。

⬆2021年2月16日温带气旋的卫星云图。成熟的温带气旋云系呈逗号形状。受此低气压的影响，日本北部刮起了强风。

小知识 台风眼是由于气压失去平衡，同时受到向台风中心的力量以及旋转产生的离心作用的共同影响，两者相互平衡而形成的。成熟的温带气旋和冷空气中产生的低气压，有时也会出现风眼的构造。

关于天气谚语的真伪

也许很多人曾有过这样的想法：很希望仰望天空就能预测天气。通过观察天空和云彩来预测天气的变化，这种方式可以称为**观天望气**，如果掌握一些相关知识，谁都可以做到。

关于观天望气，自古就有许多民间谚语。虽然有的是通过观察动物行为这种缺乏科学依据的方式，但也有很多是通过观察云和天空得出的，具备令人信服的科学依据。其中，具有代表性的是**日晕三更雨，月晕午时风**，这里的日晕便是薄云（卷层云）出现时产生的晕现象（第66页）。

这句谚语的产生是由于低气压从西边天空接近时，高空湿度较大，容易形成卷层云。低气压还未到来时也会出现晕现象，而晕出现之后，云层不断变厚，卷层云会变化为高层云、雨层云，于是常常出现降雨天气。

如果我们能注意到云彩的变化，就应该能更准确地预测天气。

太阳周围出现的光环（日晕）。

⬆天空出现薄云（卷层云），高空湿度较大的证据。云层会不断变厚，天气有可能转坏。

▼伴随冷锋和暖锋出现的云团

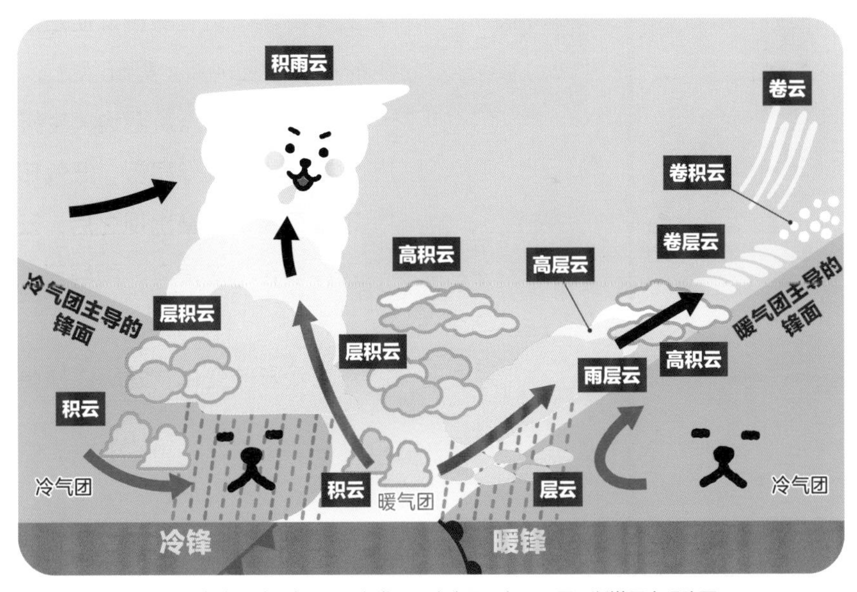

低气压和锋面从西部天空接近时，卷层云不断发展，产生晕现象，云层不断增厚出现降雨。

小知识 晕的现象一般出现在低气压引起的降雨天气的1.5天至0.5天之前。当天气预报中提到“从西边开始变天”，你可以测算时机观察天空，会有极大的概率看到日晕现象。

观察云团可以预测天气突变

浓积云的顶部出现的**幞状云**。

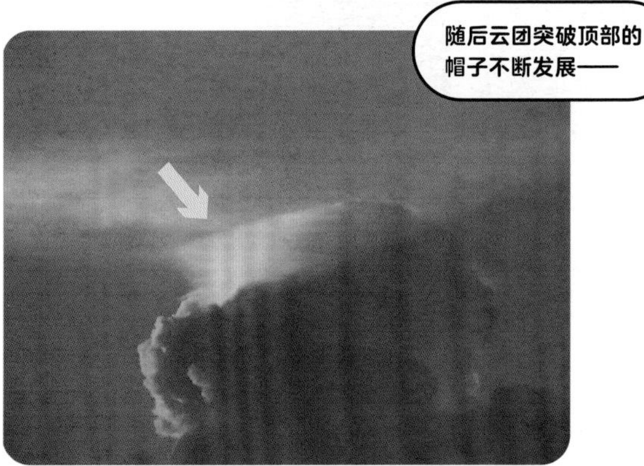

随后云团突破顶部的帽子不断发展——

也许有人认为“有天气预报就不需要观天望气！”。不过，即使是现代科学技术发达的今天，我们也很难准确预测积雨云的产生，所以，**观天望气对于预测天气突变**依然是非常有效的方法。

可以预测天气突变的云团之一是**幞状云**。它出现在生成中的浓积云的顶部，根据它的特征我们可以了解到这片云团随后可能会发展成积雨云。如果在天空中看到**砧状云**，以及浓密的丝条

在砧状云底部出现的乳状云。

状云（卷云）逐渐扩展开，在它的前方，积雨云极有可能已经发展到了极限状态。如果布满天空的云层底部出现突起状云团，需要多加小心。这是一种名为**乳状云**的云团，它往往出现在积雨云的前进方向。如果天空突然变得昏暗，而且狂风大作，这也是天气突变的征兆，还需密切注意天气的变化。

如果观察到这些云团，可以先通过气象雷达的降水量预报确认积雨云的位置和方向，然后在积雨云到来之前，尽快进入安全的建筑物内躲避。

小知识 幞状云和乳状云都可以通过气象雷达观测到。西部天空如果积雨云不断发展，砧状云布满天空，此时正是观察乳状云的绝好机会。如果在浓积云上方发现幞状云，还可以观察到云层突破帽子的发展过程。

77

「大气状态不稳定」预示着积雨云将要出现

当我们觉察到天气有可能突变时，观察云彩或天空的变化，以及气象雷达的降水量预报十分有效。不过，我们不可能一直盯着天空和雷达看，这时，有一个比较好的方法是关注一些关键词。

首先是**大气状态不稳定**。积雨云只产生于大气状态不稳定的时期（第36页），所以，如果天气预报中出现这类语句，就要想到可能会出现积雨云。

此外还有，**部分地区有雷电活动**或者**龙卷风**也是表示天气突变的关键词。因为积雨云出现时常常伴随着雷鸣电闪和龙卷风。依据现在的气象技术，我们还无法准确预测积雨云的产生，只能预测容易产生积雨云的天气状况。所以，才会以这样的关键词或者雷电预警的方式预报出来。

如果能掌握这些关键词，即使天气预报中没有出现表示天气急剧变化的图标符号，也应该可以提前做好防护，避免自己被雨淋湿。当你听到这类关键词时，请一定要比平时多留意天气的变化。

夕阳映照下的积雨云。

蔚蓝的天空中滚滚升起的积雨云。表明大气处于不稳定的状态，能够看到这种云团的地区，天气突变的可能性很大。

大气状态不稳定的前提条件

小知识 当大气处于不稳定状态、造成自然灾害的危险性提高时，天气预报经常会使用“大气状态极其不稳定”的语句。当你听到这样的预报，一定要提前做好防范准备。

气象部门召开临时记者发布会 说明情况十分紧急！

日本从梅雨季到秋季的这段时期，经常能看到暴雨和台风带来灾害的报道。为了保护生命财产，我们需要具备一定的防灾意识。

其中之一就是气象部门**召开临时记者发布会**，说明情况十分紧急！气象部门在预测到大规模灾害可能发生时，或者随时可能发生时，就会发布**特别警报**。在有可能将要发生以往从未经历的异常事态时发布特别警报，关系到民众生命财产的安危。所以，气象部门在预估到这种险情后会召开临时记者发布会，如果你所在的地区处于特别警报的范围之内，那就要认真对待，提前做好防范措施。

当然，不只是发布特别警报的时候表示有险情，发布警报就意味着势态比较紧急。为了保护自己的生命财产，避免灾害损失，平时的预防工作十分重要，所以，要事先确认自己所在地区的**防灾地图**（灾害发生时，预测危险区域和标注避难场所的地图），准备好防灾用的食物和水等救灾物品。

⬆当发布特别警报时，日本气象厅预报科科长会身穿防灾服召开临时记者发布会

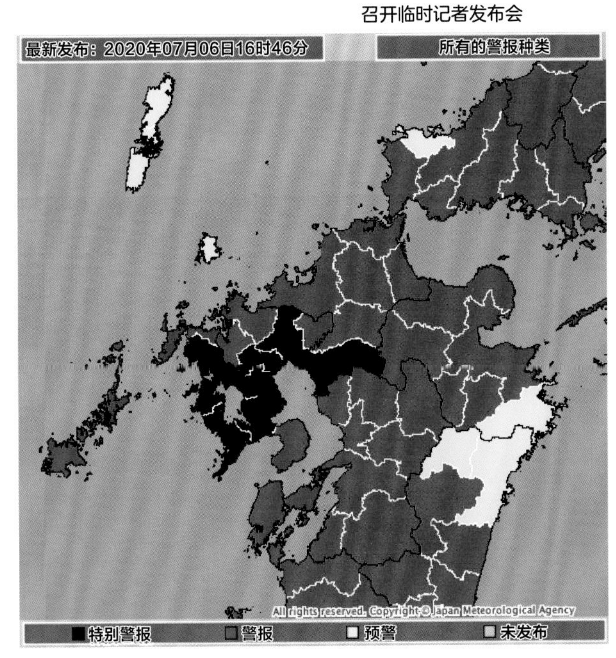

➡2020年7月大暴雨期间，日本九州地区发布的暴雨特别警报（黑色）。当时，发布特别警报的地区遭受了严重的洪灾。

气象警报

小知识 是否应该去避难，根据所在地区发生灾害的危险性和自己及家人所处的状况而不同。是否事先和家人商量，以及是否思考过适合自己的避难方法，会直接影响到自己的生命安全。

后记

天气对我们每个人的心情都有很大的影响。蔚蓝的天空能让我们心情愉悦，雨后的天空架起色彩缤纷的彩虹桥更会给我们带来无限惊喜。

天空展现给我们的是美轮美奂、仿佛魔法般的风景，但有时也会带来突发的自然灾害。如果我们能更深入地了解天空和云彩，不仅可以与天气和谐相处，还能发现更多美丽的风景，同时，也能更好地保护自己免受自然灾害的侵扰，保障生命安全。

感受天空和云彩带来的心灵触动，在欣赏它们的同时，预测天气的变化，这便是人们常说的“观天望气”。我希望能更进一步达到“**感天望气**”的境界。各位在阅读完这本书后，请一定要把你理解到的云彩、天空、气象以及天气的故事讲述给周围的朋友和家人。

在我们每个人的心中培养对天空和云彩的热爱，然后与身边的朋友一起分享这份热爱，将会让你更加深刻地体会到天空和云彩的美妙之处。愿这本书能帮助你了解一些气象知识，丰富你对大自然的热爱之情，我将感到无比荣幸。

荒木健太郎

参考文献＆网站

『雲の中では何が起こっているのか』荒木健太郎（ベレ出版）

『雲を愛する技術』荒木健太郎（光文社）

『世界でいちばん素敵な雲の教室』荒木健太郎（三才ブックス）

『せきらんうんのいっしょう』荒木健太郎・小沢かな（ジャムハウス）

『ろっかのきせつ』荒木健太郎・小沢かな（ジャムハウス）

『気象のきほん』荒木健太郎・監修（ニュートンプレス）

『ニュートン式 超図解 最強に面白い!! 天気』荒木健太郎・監修（ニュートンプレス）

『ゼロからわかる天気と気象』荒木健太郎・監修（ニュートンプレス）

『雪の結晶図鑑』菊池勝弘・梶川正弘（北海道新聞社）

『雨かんむり漢字読本』円満字二郎（草思社）

Yamaguchi, M., and S. Maeda, 2020: Increase in the number of tropical cyclones approaching Tokyo since 1980. J. Meteor. Soc. Japan, 98, 775-786.

Yamaguchi, M., J. C. L. Chan, I. Moon, K. Yoshida, and R. Mizuta, 2020: Global warming changes tropical cyclone translation speed. Nature Commun., 11, doi:10.1038/s41467-019-13902-y.

気象庁「気象観測の手引き」

気象庁「気候変動監視レポート2019」

気象庁気象研究所「#関東雪結晶 プロジェクト」

気象庁気象研究所報道発表「過去40年で太平洋側に接近する台風が増えている」

気象庁気象研究所報道発表「地球温暖化によって台風の移動速度が遅くなる」

気象庁気象大学校

NICT ひまわりリアルタイムWeb

NASA EOSDIS Worldview

猜谜答案	
	第3页：34个（粉色24个、蓝色10个）
	第107页：①树枝六瓣，②扇形六瓣，③板状，④板状鼓，⑤柱状骸晶，⑥带板状子弹
	第121页：2040米（约2千米）
	第147页：45百帕

我的天气观察笔记

时间： 年 月 日（星期 ） 时 分～ 时 分	
地点：	
天气：晴·阴·雨·雪·其他（ ）	气温： 摄氏度

绘制或拍摄一张今天的天空图，可参考十云属的分类指南（第16页）

我看到了十云属中的 云

笔记：

我的天气观察笔记

时间: 年 月 日(星期) 时 分~ 时 分	
地点:	
天气: 晴·阴·雨·雪·其他( )	气温: 摄氏度

绘制或拍摄一张今天的天空图，可参考十云属的分类指南(第16页)

我看到了十云属中的 云

笔记:

我的天气观察笔记

时间：　年　月　日（星期　）　时　分～　时　分	
地点：	
天气：晴・阴・雨・雪・其他（　）	气温：　摄氏度

绘制或拍摄一张今天的天空图，可参考十云属的分类指南（第16页）

我看到了十云属中的　　　　云

笔记：

我的天气观察笔记

时间：　年　月　日（星期　）　时　分～　时　分	
地点：	
天气：晴·阴·雨·雪·其他（　）	气温：　摄氏度

绘制或拍摄一张今天的天空图，可参考十云属的分类指南（第16页）

我看到了十云属中的　　　　云

笔记：

图书在版编目（CIP）数据

哎呀，天空竟然这样神奇：超有趣的天气图鉴．1 /（日）荒木健太郎著；栾殿武译．-- 北京：北京联合出版公司，2025. 1. -- ISBN 978-7-5596-8085-3

Ⅰ．P44-49

中国国家版本馆 CIP 数据核字第 2024PR5819 号

SORA NO FUSHIGI GA SUBETE WAKARU！ SUGOSUGIRU TENKI NO ZUKAN

First published in Japan in 2021 by KADOKAWA CORPORATION, Tokyo.
Simplified Chinese translation rights arranged with KADOKAWA CORPORATION, Tokyo through BARDON-CHINESE MEDIA AGENCY.

哎呀，天空竟然这样神奇：超有趣的天空图鉴 1

作　　者：[日] 荒木健太郎
译　　者：栾殿武
出 品 人：赵红仕
选题策划：北京天略图书有限公司
责任编辑：杨　青
特约编辑：高　英
责任校对：钱凯悦
美术编辑：刘晓红

北京联合出版公司出版
（北京市西城区德外大街 83 号楼 9 层　100088）
北京联合天畅文化传播公司发行
北京盛通印刷股份有限公司印刷　新华书店经销
字数 120 千字　880 毫米 ×1230 毫米　1/32　11 印张
2025 年 1 月第 1 版　2025 年 1 月第 1 次印刷
ISBN 978-7-5596-8085-3
定价：98.00 元（全 2 册）
